筆算をひろめた男

幕末明治の算数物語

丸山健夫 著

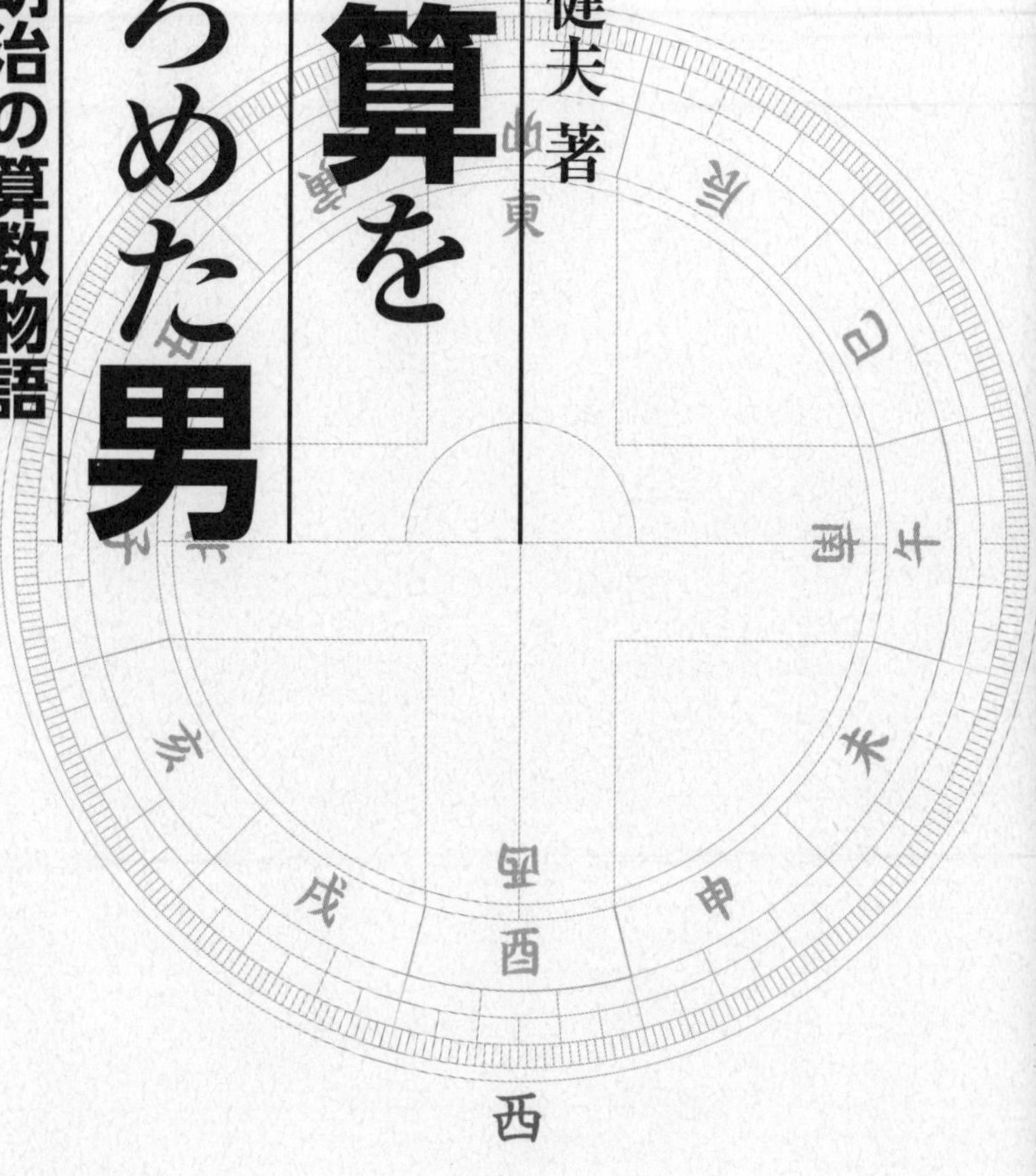

西算速知

臨川書店

目　次

はじめに　1

第一章　ペリーがやってきた！　5
ペリー見物に行こう！　5
大坂に順天堂あり　6
ペリーの作戦　7
ブーム便乗で本を出す　8

第二章　和算と大坂の街　12
福田理軒は大坂生まれ　12
お兄ちゃんも数学好き　13
突然の帰郷　15
先生はやっぱり一流がいい　16
麻田剛立を語ろう　17
師匠はタケダシンゲン　18
理軒開塾十九歳　20
麻田剛立との関係　22
算額でトラブル発生　22
決着はいかに？　24
順天堂塾を見学しよう　24
子ども向けと大人向け　25
雰囲気作りも大切だ　27

第三章　和算に挑戦してみよう　29

和算生まれる　29　割算が魔法のように　30　五円玉が九十六枚　31
一文銭が九十六枚　33　本当は何枚？　34　銀は当時の国際通貨　36
一文銭で銀を買う　38　金貨は四分の一で数える　39　金を銀にする　41
昔の表を流用しよう　42　大人は塾で算木を使う　44　支配者層のための数学　45

第四章　数学で攘夷だ！　49

黒船をやっつける本　49　のぞいて合わせる　50　量尺その原理　52
黒船データはこう活用　55　例題をやってみよう　58　江戸時代の長さの単位　59
今度は高さも測ってみよう　60　すばらしいアイデア　63
量地儀とはこんな道具　64　方角を知るのがポイントだ　66
逆針盤とはこんな仕組み　67　図面を作って長さを測る　68　円形分度器大活躍　70
経緯儀はすごい　71　江戸時代に三角関数があった！　72
高さを角度で計算する　74

第五章　日本初の西洋数学書　78

二冊の西洋数学書　78　ヨーロッパでひろめた男　79
それはイタリアから始まった　80　「洋算用法」のアラビア数字　82
アラビア数字のたし算　83　九九の表の登場だ　84　九九はいつから？　87

目　次

九九は八十一から始まった？　88　いつから逆転九九の順　89
割算の九九があった？　90　今の九九はいつできた？　91
「西算速知」を見てみよう　93　西洋数学と中国　97　身近なお米の計算　98
こんなかけ算見たことない　102　かけ算をやってみる　104
これでわかった新方式　106　古い歴史がある方式　108　ネイピアロッドの使い方　109

第六章　ふたりの友人　112
長崎海軍伝習所　112　勝海舟の一番弟子は誰？　113　海軍塾を作ろう　115
大坂海軍塾があった場所　116　神戸海軍操練所　117　開成所の友人神田孝平　118
新設数学科の教官になる　119　アラビア数字はこうして書く　121
たし算をやってみる　125　引算はこうする　127　かけ算にも挑戦　129
そして最後は割算だ　131

第七章　静岡の二つの学校　133
江戸城の開城　133　蝦夷への脱出　134　徳川最後の戦い　135
静岡学問所が開校　136　豪華教授陣の先進教育　137　外国人教師クラークも登場　138
黒船の日本人　139　ユークリッド幾何学の授業　141　理軒の友人川北朝鄰　142
榎本艦隊山本正至ここにあり　143　日本初のユークリッド本　144

沼津兵学校に数学あり　145　これが兵学校の教科書　147　計算だって親切だ　148
江戸時代の女子の数　150　江戸時代のお米の生産量　152　ろう城計画を立てる　154
ヨーロッパの軍事情勢　156　これがリンネの生物分類　159　世界の陸地面積　161
宇宙に飛び出す　164

第八章　理軒の新しい学校――167
エアポケット　167　土御門家の復権　167　理軒スタッフになる　168
天文暦道再び政府に　169　和算と洋算のハイブリッド　170
西洋数学のパイオニア　171　理軒のチャレンジ　173　順天求合社の創立　173
開講科目の一覧は？　176　ついにきた学制発布　178　友人たちの明治五年　180
いよいよエースの登場だ　181　一年は十三ヶ月？　182　二ヶ月分が浮く名案　182
解説本のスピード出版　184　改暦後のトラブル　187

第九章　文明開化と洋算ブーム――191
息子が陸軍大尉？　191　明治六年明六社　192　クラークも東京へ　193
洋算の出版ブーム到来　195　文章題ならこの本がいい　198
街で見かけた洋算ブーム　199　最新の話題で数学しよう　200　夢の乗り継ぎ体験　202
音の速さはどのくらい？　204　和算もまだまだ健在だ　207

目　次

出会い算で計算しよう　209　アメリカの数学教育が影響　212
教科書と一般書のちがい　215　洋算と和算どちらが優れてる？　220
第十章　和算の行く末　222
数学の学会できる！　222　学会の勢力地図は？　223　和算最後の戦い　224　失意の帰阪　226
人生の正解　227
【付録一】福田理軒　略年表　231
【付録二】江戸時代の単位（まとめ）　233
文　献　235
あとがき　245

はじめに

大阪のビジネス街淀屋橋の一角に、江戸時代の有名な学者、緒方洪庵《おがたこうあん》（一八一〇―一八六三）の適塾《てきじゅく》が今でも残る。建物は記念館になっていて、洪庵にちなんだ多くの資料が展示されている。

展示コースの最初のほうに、相撲番付を模した当時の「医者や学者の番付」がある。番付中央の一番下に大きな文字で緒方洪庵の名が見えることから、洪庵は当時、別格の存在であったと解説されている。この番付が発行された文久二年（一八六二）、洪庵は江戸の西洋医学所頭取に召されている。

私はいつもこの番付で、洪庵の名前を眺めたあと、そのふたつ上に書かれている人物に目を向けてはニヤリとする。洪庵と同じ中央列、しかも番付のド真ん中の位置である。実はその人物こそ、本書の主人公なのである。つまりは江戸時代の大坂にあって、緒方洪庵と並び称される大学者というわけだ。

幕末から明治初めの数学を語る本書の主人公、福田理軒《ふくだりけん》の名を知る人は、今では少ない。二〇一五年の今年、生誕二百年を迎える理軒は、江戸時代の大坂で有名だった順天堂という算学塾の塾長であり経営者であった。そろばんの計算から測量、そして天文学まで。子どもから大人まで幅広い年齢層の塾生が理軒のもとで学んだ。教科書もすべてオリジナル出版だ。

福田理軒の著書の中で、数学史にひときわ大きく輝くのは、日本で初めて西洋数学を紹介した「西算《せいざん》速知《そくち》」である。そして、ペリーの黒船がやってきたとき、「黒船をやっつける」をテーマに書いた測量学の本「測量集成《そくりょうしゅうせい》」もロングセラーとなる。

理軒は、江戸時代にあって、つねに時代の最先端を取り込みながら、研究から教育、出版までの総合ビジネスを展開した。

ところが、明治維新である。扱っていた主力商品「数学」を取り巻く環境は大きく変化する。このとき、理軒はどう行動したか。

幕末から明治の激動の時代に生きたひとりの学者であり教育者、そして経営者であった男の人生を通して、日本の社会の環境変化を追った。

そしてもうひとつ。本書では理軒の生涯を語りながら、幕末から明治の理軒が生きた時代の算数ドリルを数多く紹介している。今なら小学生でも解けそうな問題ばかりだ。しかし時代背景によって変化があるから面白い。各問題では、現代訳を前面に出す一方、原版とその活字化をあとに添えたので、古典ファンはオリジナルで楽しんでいただきたい。

ストーリーを楽しみながら知識が得られる。そんな学術書をめざした。

執筆に際しては、臨川書店編集部のみなさまに、大変お世話になった。何しろ、およそ百五十年も前の数学問題が出てくる。数学的内容は、高校数学の検定教科書の著者をした経験や大学生のときに測量士の資格講義を受講していたことが役立った。しかし古文書の解読には大変苦労した。その都度、編集部のみなさまに助けてもらった。

前著「ペリーとヘボンと横浜開港」の続編の依頼を受けてから、はや四年。筆者の遅筆を辛抱強く待ち、今回も担当いただいた小野朋美氏には特に感謝したい。

遅くなってしまった主たる原因は、筆者が大学のゼミで、ドラマ製作の指導を始めたことにある。しかし、その間に本書の装幀でお世話になったデザイナーの小野日出夫氏と巡り会えた。氏に感謝したい。そして、ドラマのシナリオづくりから撮影、編集までの創作プロセスは「本づくり」と共通するところがあった。その経験が、この物語のドラマ性に好影響を与えていると期待したい。

それでは、幕末から明治の算数ドリルを味わいながら、福田理軒の人生ドラマをご覧いただきたい。

二〇一五年一月

丸山健夫

第一章　ペリーがやってきた！

ペリー見物に行こう！

高台にあがると、その船はとてもきれいに見えた。

「先生、見てください。あれがペルリの黒船ですわ」

弟子の指差しに、傍らにいた師匠が答える。

「ほんまや。よう見えるわ。これでわざわざ大坂から出てきた甲斐があったというもんや。」

先生と呼ばれたその男の名前は福田理軒。大坂で算学塾を営む人物である。その塾は当時上方《かみがた》の、いや日本きっての有名算学塾だった。

黒船に乗ってペリー艦隊が日本にやってきた！

大坂に順天堂あり

「順天堂塾」。それが彼の経営する塾の名前である。

福田理軒の「順天堂」は、現代の東京にある順天堂大学とは、縁もゆかりもない別の学校だ。順天堂大学のホームページによれば、順天堂大学は、佐藤泰然《さとうたいぜん》（一八〇四—一八七二）という蘭学者が、天保九年（一八三八）に創設した蘭方医学塾を起源とする。創設五年後の天保十四年（一八四三）、佐藤泰然は、その医学塾を「順天堂」と命名したとある。

実は理軒の「順天堂塾」のほうが、泰然の塾よりわずかに先んじて設立されている。泰然の蘭方医学塾「順天堂」は、当時の日本の蘭学塾でトップレベルとなった。これに対して理軒の算学塾「順天堂」も、西の順天堂と

条約の交渉へペリー上陸！

して、幕末にはその名を広く知られたという。そして、理軒の「順天堂塾」が世間に広く知られるきっかけを与えたのが、実はこのペリー来航という事件だったのである。

ペリーの作戦

嘉永六年六月三日、西暦では一八五三年七月八日。ペリーは江戸湾に現れた。そして、日本を驚かせるだけ驚かせたあと、「また、条約締結のためにくるよ！　それまでよく考えておいてね！」とばかりに、一旦、日本から去って行った。

といっても、何処に去って行ったのか？　実はこの一回目の来日のあと、ペリー艦隊はアメリカには帰っていない。琉球つまりは沖縄の那覇港へ戻ったのだ。そして、沖縄や中国の港あたりでウロウロしたあと、翌年、再び日本にやってきた。一回目の来日も、那覇から江戸に向けて出航している。つまり、沖縄は当時からすでに、アメリカの「戦略基地」として利用されていたことになる。

嘉永七年（一八五四）、ペリーは再び来日し、日米和親条約を結ぶ。オランダやロシアを出し抜いて、一番に日本を開国させることができたのは、ペリーの立てたある作戦が功を奏したにちがいない。ペリーが日本開国に向けて立てた作戦とは、西洋の最先端の軍事や科学の力を見せつけることだった。

「どうだ、こんなに進んだ社会の一員にならないか。そうでなければ…」

というわけだ。その象徴が、当時の西洋科学の粋を集めた「黒船」だったのである。当時の日本人にしてみれば、「黒船」は西洋社会ですでに十分普及したものと思えたかもしれない。ところが海軍への蒸気船の導入は、西洋でもまさに始まったばかりだったのである。何しろ、当時のアメリカ海軍全体で、まともに動く蒸気軍艦は、たった数隻しかなかったのである。ペリーは、そのほとんどを、極東の日本に集結させたわけだ。海軍でかなりな実力者であったペリーだからできたことなのだ。

黒船は煙を大空高く吐きながら、自らの存在を大きく見せる。なんという視覚効果であろう。また、汽笛や大砲の大きな音で威嚇する。音響効果も抜群だ。船にずらっと並んだ大砲が、日本の岸辺を狙ってる。軍事力そして科学技術力の差を、視聴覚的にハッキリと伝えることができる「黒船」によるパフォーマンスがなければ、日本は開国へと動かなかったにちがいない。

ブーム便乗で本を出す

理軒は、このペリー来航のタイミングで、一冊の本を出す。「測量集成」。それが、理軒の本のタイトルだ。日米和親条約からわずかに二年。その出版は、安政三年（一八五六）であった。手元にあるので、ちょっと開いてみることにしよう。

なんと、出るわでるわ。その本には、黒船のイラストが満載である。

黒船までの距離を測ったり、海岸からの角度を見たり、黒船をめがけて大砲の玉が飛ぶ様子だったりと、何とも物騒な内容だ。きわめつけは、ペリーのあと、続々とやってきた各国の黒船の詳細データだ。タイプ別に分類し、船の全長やマストの高さ、大砲の出ている窓と窓の間の距離まで書いてある。さながら黒船のデータブックだ。「測量集成」、これはいったい？

どうやら、この本のテーマは、「どうしたら黒船をやっつけられるか？」ということらしい。黒船の来航で関心が高まった海の防衛、そのために、なくてはならない測量技術。そのテクニックを、黒船をテーマに論じてしまおうというわけだ。黒船までの距離の測り方、どうしたら大砲を命中させることができるか？　その測量学的方法論をていねいに解説している。黒船ブームに乗った、実にうまい「教育本」である。

こんな面白い本を出した福田理軒の生涯を

まずは黒船の全景だ！

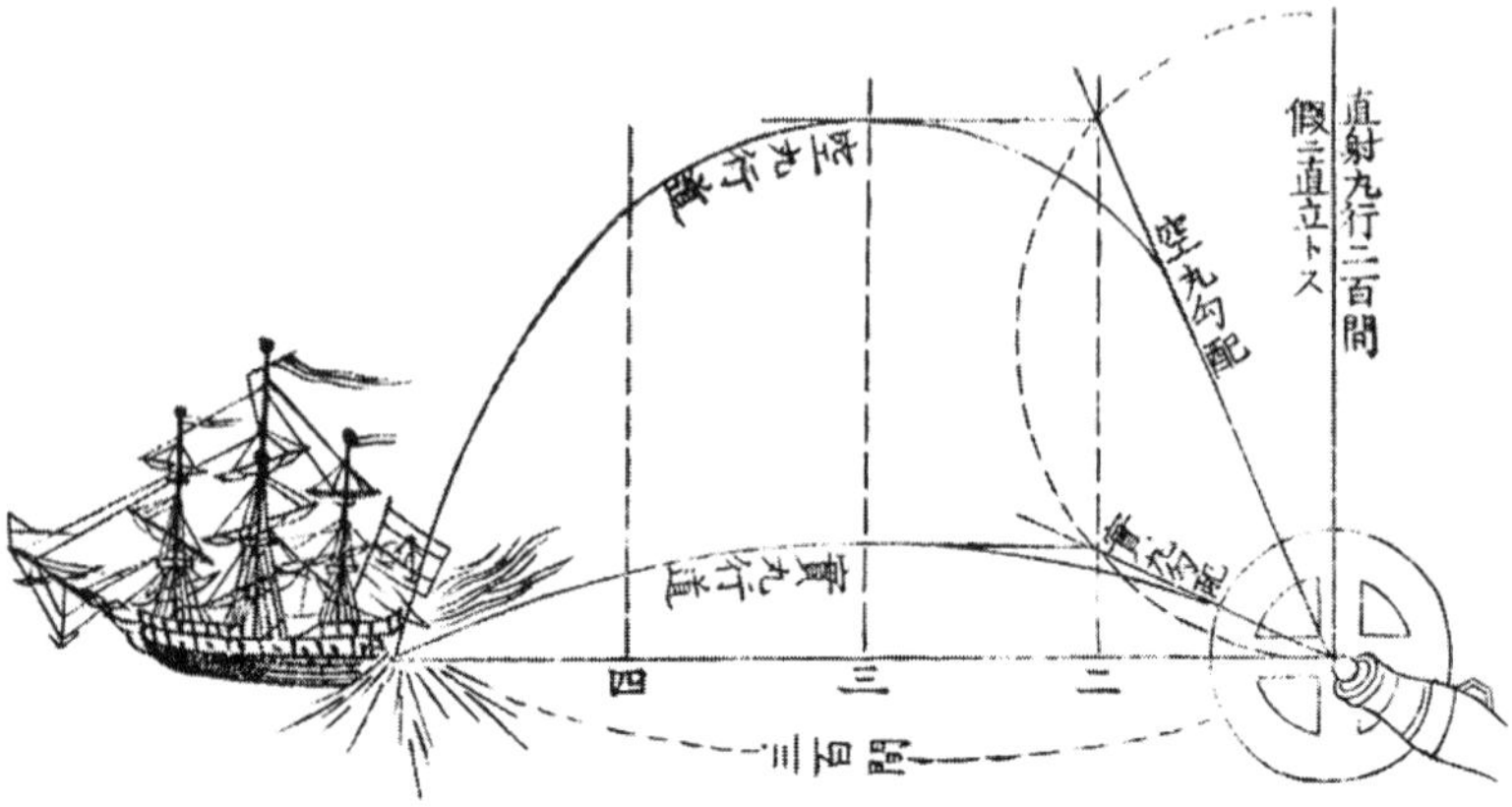

大砲はこうすればあたる！

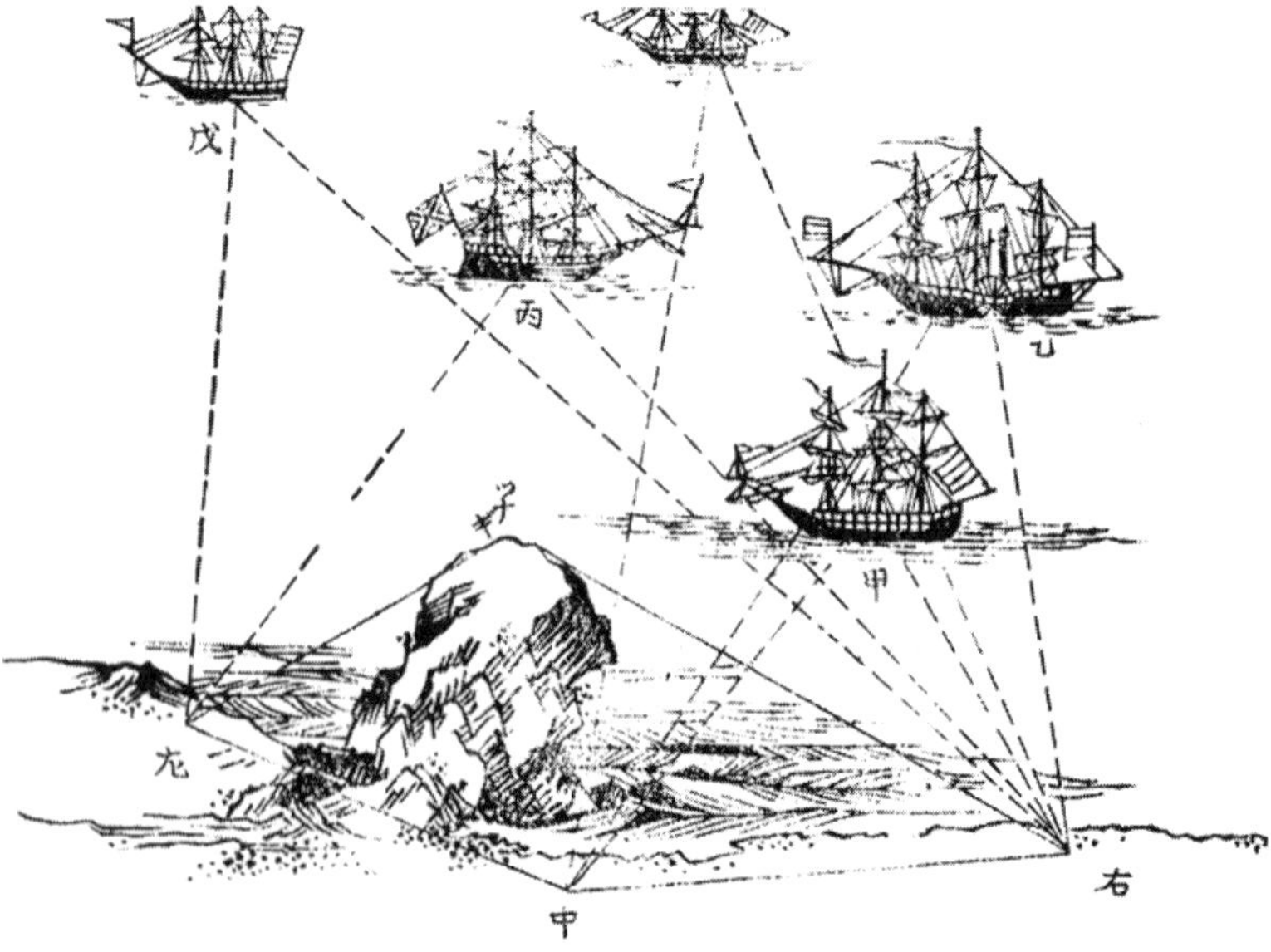

黒船の位置を測定してみよう！

追いかけながら、それでは幕末の数学の世界に、ご一緒にタイムスリップすることにいたしましょう。

「え？　あんさん算術、苦手でっか？　むずかしいことは、おまへんのや！」

そんな理軒の声が聞こえるようなので、どうかご安心を！

第二章　和算と大坂の街

福田理軒は大坂生まれ

福田理軒は、文化十二年（一八一五）五月、大坂に生まれた。詳しい出生の地として、天満《てんま》樽屋《たるや》町《まち》と、記載する書物がある。しかし当時の天満に樽屋町がなく、天満の堀川に樽屋橋という橋が見つかる。その橋の東側が東《ひがし》樽屋《たるや》町《まち》、西側が西樽屋《にしたるや》町《まち》だ。理軒の出生地はおそらく、そのどちらかだろう。ただ、明暦三年（一六五七）の地図には、西側だけに「たるや」の記載があるので、西樽屋町のほうが有力である。

今ではその堀川は埋められて、かわりに高速道路が走っている。西樽屋町は、現在の大阪市北区西天満三丁目の一番から三番付近、東樽屋町は、同じく北区天神西町付近だろう。

福田理軒は、幼名を鼎《かなえ》といい、福田泉《いずみ》が一応の本名だろう。理八郎、謙之丞《けんのじょう》、主計《かずえ》ともいい、竹泉、理軒、順天堂という称号も使った。

昔の人は、いろいろな名前を持ち、名字さえも簡単にかえられたわけだ。「今日から私は誰々だ！」と自分で宣言すれば何とかなった。私たちは、もっともよく知られた「理軒」の名前を使うことにする。ついでに江戸時代、「おおさか」の「阪」の字も今とちがって「つちへんの坂」を使うことが多かった。

そこで、幕末までのお話では「大坂」の漢字を使うことにしよう。

お兄ちゃんも数学好き

さて、その理軒の生い立ち。まずは、理軒の父親の話から始めることにする。

理軒の父は、太兵衛《たへえ》という人だった。太兵衛は、美濃国《みののくに》、現在の岐阜県から大坂に出てきて商売をしていた。少し詳しくその故郷をいえば、美濃国本巣郡真桑村《もとすぐんまくわむら》、今の岐阜県本巣市上真桑《ぎふけんもとすしかみまくわ》、下真桑《しもまくわ》付近であろう。父はそんな移住ができる身分だったのだ。

大坂に出てきた太兵衛には、ふたりの男の子が生まれる。文化三年（一八〇六）に、理軒の兄が生まれ、その九年後に理軒が誕生したのである。兄の金塘《きんとう》は、小さい頃から算術、つまり数学が大好きな少年だった。現代でも、そんな数学少年がいるものである。金塘の算術好きは、大坂の持つ地域性が影響しているかもしれない。

「あの子、そろばんに強いから、きっと商売もうまいやろな」

当時の大坂の町は、諸国の物産が集まる物流の拠点、つまりは日本経済の中心地であった。現代で数学といえば、「ややこしい数式は、何の役に立つのだろう?」とのイメージもあるかもしれない。しか

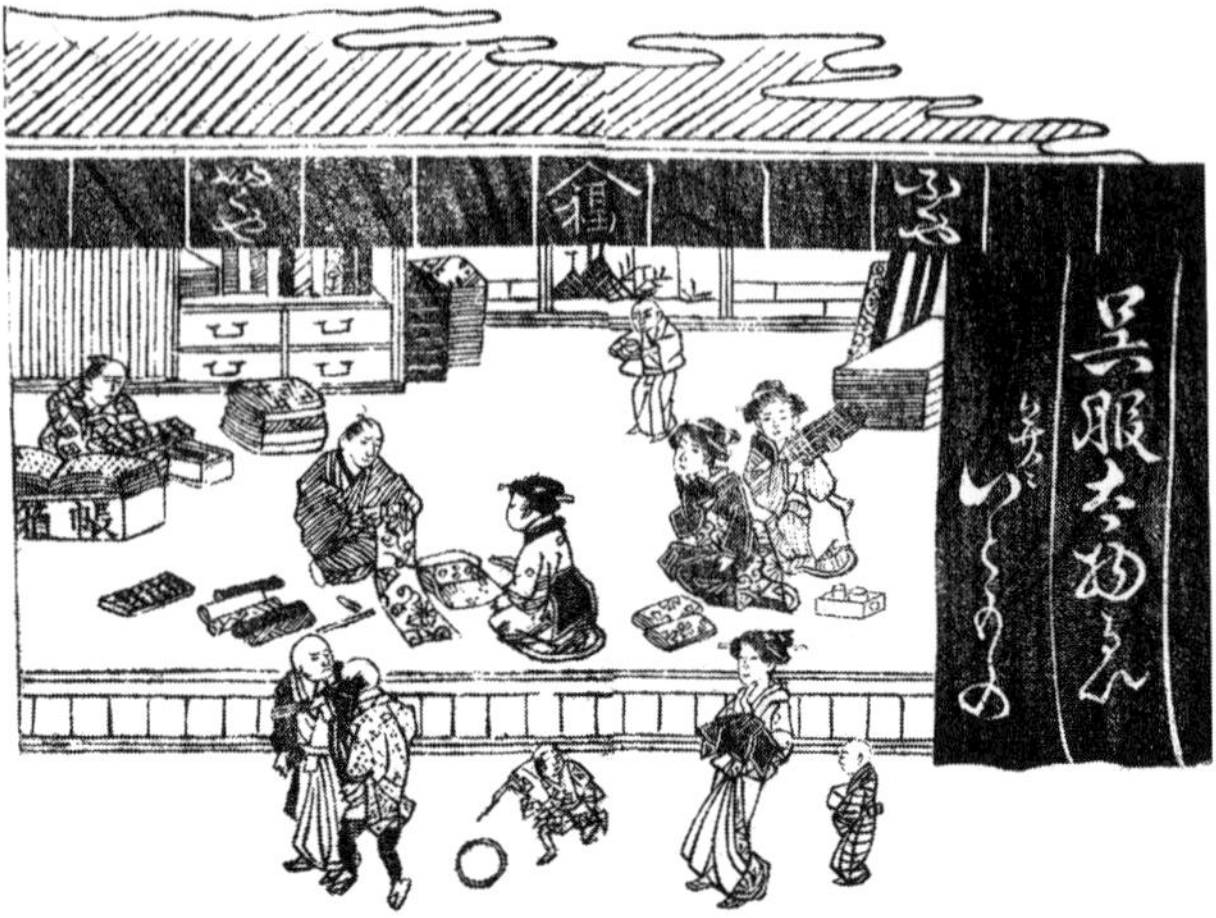

計算は商売に欠かせない

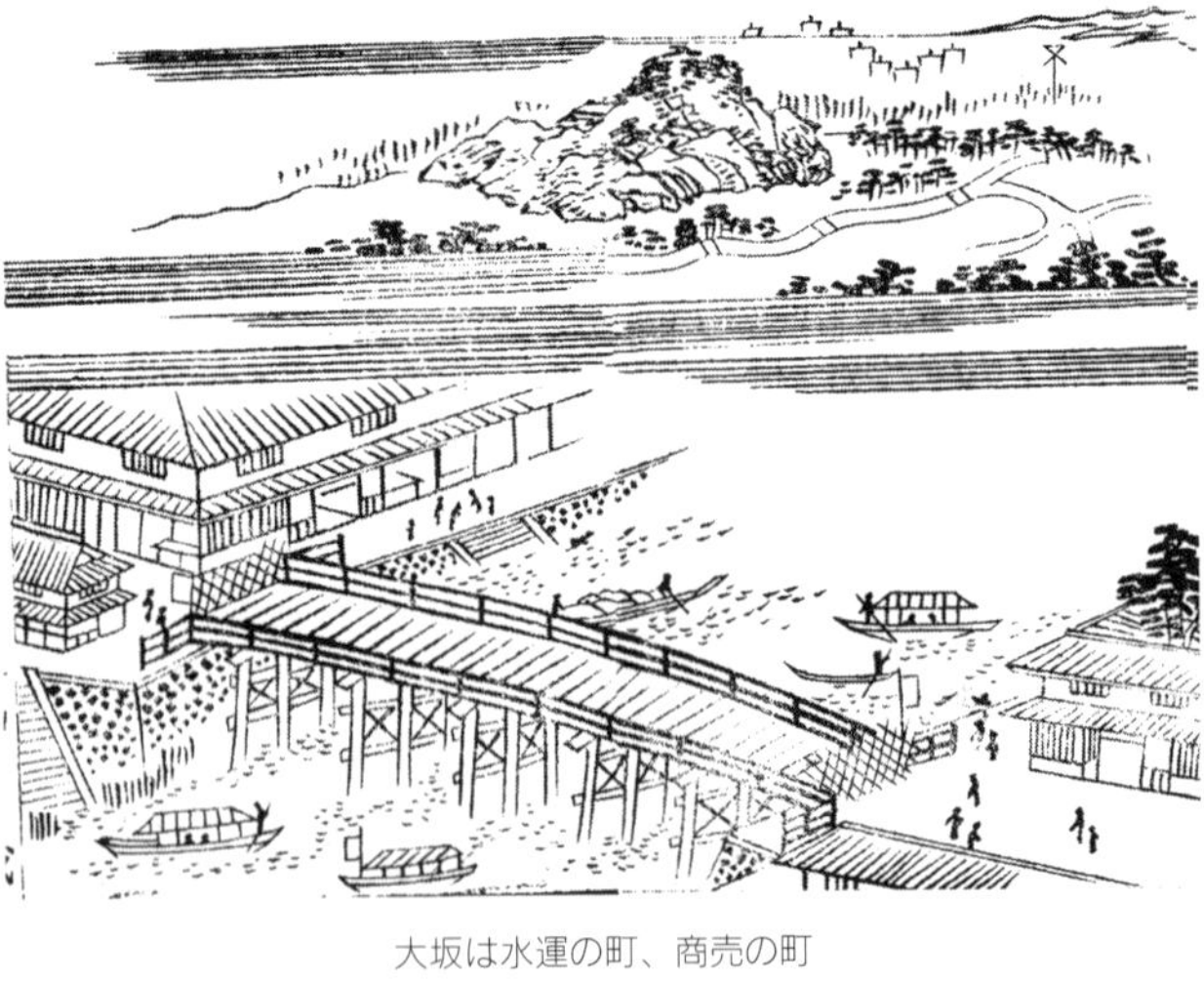

大坂は水運の町、商売の町

し当時の大坂で、算術は商売のかなめであった。「できる子」は、きっと尊敬された。

「お兄ちゃんは、ホンマに算術がようできるんやなあ〜」

「うん！　ぼく、算術大好きや！」

金塘は、毎日、算術の勉強にはげんだのであった。

突然の帰郷

ところが文政元年（一八一八）の頃。金塘と理軒の父、太兵衛は突然、大坂での商売をやめて、家族もろとも美濃の故郷に帰ってしまうのである。太兵衛は、のちに仏門に入ったとされるから、早々と準備のために帰郷したのかもしれない。

しかし、そのとばっちりをまともに受けたのが金塘だった。この「事件」のとき、金塘は満十二歳。

「えっ、ぼく塾、やめなあかんの？」

「そや、美濃へ帰ろうと思うてな…」

途中で算術修行の道を断たれた金塘は、美濃に帰ってからも、「商をなし農をなすは我が志にあらず」と、毎日嘆いて暮らしたという。

父もそんな金塘の姿を見るたび、

「金塘には、ふびんなことをしたもんや、ほんまに」

と思い始めた。故郷に帰って三年が過ぎた文政四年（一八二一）の頃、父は、

「まあええわ、そないにいうんやったら、大坂へ勉強しに行っといで」

と、勉学継続へのお許しを出すのである。

先生はやっぱり一流がいい

金塘は、ふたたび大坂で算術を学べるチャンスを得た。ただ、歴史の資料には、このとき両親も一緒に大坂に再びやってきたかどうかの記録がない。金塘は弟の理軒と一緒に、大坂の町で算術の修行に励んだとあるだけだ。

「理軒と一緒？」

そうなのである。なんとまだ満六歳だった弟の理軒も兄を追って大坂にやってくる。十五歳と六歳の兄弟の大坂の町での算術修行は、こうして始まったのである。

学問にしても芸術にしても、何かを極めようと思えば、やっぱりいい先生につくことが大切だ。大坂にやってきた兄弟が教えてもらったのは武田《たけだ》眞元《しんげん》（?—一八四七＊〈注釈〉＊印は和暦中国暦の年末で西暦年が翌年になっていることを示す）という先生だった。武田は、かの有名な麻田《あさだ》剛立《ごうりゅう》（一七三四—一七九九）の弟子、坂正永《さかまさのぶ》（生没年不詳）やその一番弟子村井《むらい》宗矩《そうく》（一七五五—一八一七）、また江戸に出て「寛政の改暦」をなしとげた麻田の弟子、間《はざま》重富《しげとみ》（一七五六—一八一六）らに教えを受けた人物だ。天下の麻田流の本家筋で、まさに超一流の先生なのだ。そんな先生に教えてもらえるとは、理軒の父親はかなりな財産家だったにちがいない。

麻田剛立を語ろう

ここで少し、麻田流の創始者であり、江戸時代のトップレベルの大学者、大坂で活躍した麻田剛立について語っておこう。剛立は、もとは豊後《ぶんご》杵築《きつき》藩《はん》の藩主の侍医《じい》だった人である。ところが、当時の暦に記載のなかった日食をみごとに予測するなど、天文暦学の研究に興味が高まる。そしてとうとう、医者を続けるより天文暦学に打ち込みたいと、藩を脱藩して大坂の町に出る。

大坂で剛立は、天体観測や暦、算術の研究を続けるとともに、先事館《せんじかん》という塾兼研究所を作って後進を育てる。その名声は江戸にも聞こえた。

ではなぜ、大坂なのか？　大坂は、藩主が大坂城の警備を命じられたときに同行し、長く滞在した町だったのである。土地勘があり、馴染みの人たちも多かったのだろう。

日本一の天文暦学者となった剛立は、幕府から改暦作業の依頼を受けるまでになる。ところが脱藩の負い目があったのか、剛立は高齢を理由にこれを断った。当時の大坂は、幕府の直轄領だったわけで、断るというのは何とも「大事件」だったにちがいない。

しかし麻田は、自分のかわりに弟子の高橋至時《たかはしよしとき》（一七六四―一八〇四）と間重富を推挙した。ふたりはその後、立派に「寛政の改暦」の仕事をやりとげ、剛立の名声はますます高まった。

師匠の代理を勤めた高橋至時の子どもに、高橋景保《たかはしかげやす》（一七八五―一八二九）と渋川景佑《しぶかわかげすけ》（一七八七―一八五六）がいる。兄の景保は、父のあとを継いで幕府の天文方となる。しかしシーボルトに日本地図を渡したとされるシーボルト事件で、獄中死してしまう。弟の景佑は、幕府天文方の名家渋川家に養子に出てその後も天文方として活躍した。日本地図で有名な伊能忠敬《いのうただたか》（一七四五―一八一八）も、高橋至時の弟子である。

麻田剛立の弟子たちは、幕府の天文方の中枢をなしていたわけである。

師匠はタケダシンゲン

麻田剛立の直系の弟子に学んだ理軒と金塘の兄弟は、まさに麻田流の後継者の位置にいたことになる。

ところでふたりの師である武田眞元。戦国時代の武将と同じ名をもつこの先生の経歴がまたおもしろい。武田はもとは、なんと御堂筋の畳屋職人だった。武田は、現在の大阪府堺市に生まれ、幼い頃から大坂に出てきて畳屋で奉公していた。ところがそのうち、

「へえ、この子、算術すごいな！　何でもすぐ計算できるんや！」

と、その算術の才能が評判となった。

そんな「天才少年」が出現したときの大坂の町の人々の反応が面白い。お金持ちの商人たちがよってたかって、その子を大物にしようと、あれやこれやと援助するのである。これも一種の投資かもしれない。

武田眞元も、そんなバックアップを受けたひとりであった。武田の算術の才能はみごとに開花し、大坂に「真空堂塾」という超有名塾を作り、自ら「武田流」を名乗るまでになったのである。

理軒をめぐる学者の関係をおさらいしておこう。

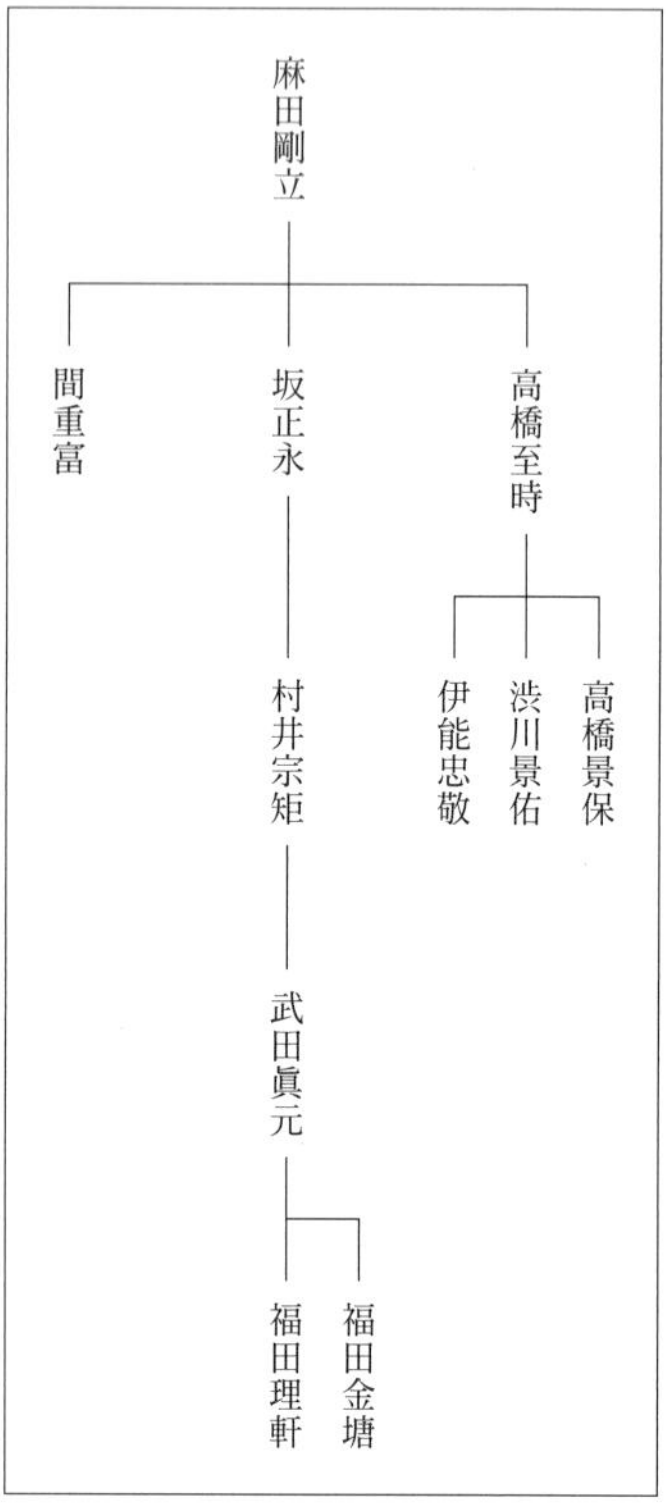

麻田剛立の弟子たちの相関図

理軒開塾十九歳

福田兄弟は、おたがいに学問的に刺激し合いながら、その実力をあげていった。兄弟が再び大坂にきてから約八年が過ぎた文政十二年（一八二九）頃。ひととおりの修行を終えた兄の金塘が、まずは自分の算学塾「今橋算学校」を今橋一丁目に作った。今橋といえば、両替商が立ち並ぶ大坂経済の中心地だったので、「算術への関心」も高かったにちがいない。

そして理軒も、兄の塾設立から五年後の天保五年（一八三四）八月二十六日、順天堂塾を満十九歳で開設したのである。

順天堂塾の所在地は、大坂南本町四丁目であった。当時の南本町四丁目は、本町通りのひとつ南の南本町通りに面し、東は栴檀木橋筋《せんだんのきばしすじ》から、西は心斎橋筋《しんさいばしすじ》までの区域であった。

今では栴檀木橋筋は、道の北端にあった栴檀木橋の名前でなく、南側の橋の名前で三休橋《さんきゅうばし》筋と呼ばれる。そして当時の南本町四丁目は、現在の大阪市中央区南本町三丁目一番から四番までにあたる。

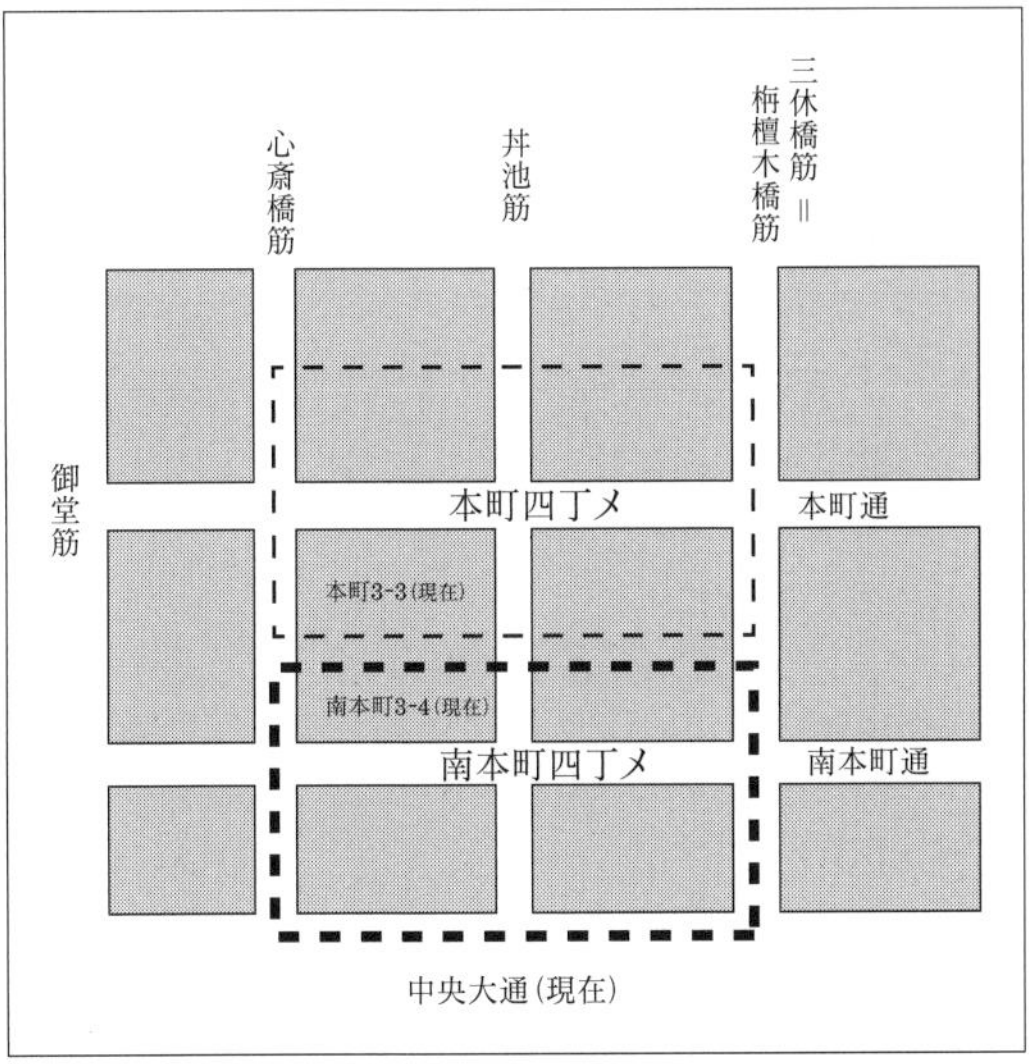

理軒の塾（南本町３－４）と麻田剛立の塾（本町３－３）の推定場所

大坂では東西の道路を「通」、南北の道路を「筋」と呼ぶ。東に大坂城があるので、城に通じる東西の通りのほうがメインの道だった。その通りに面する道の両側が同じ町になり、お城のほうから離れるほど、一丁目、二丁目と数字が大きくなっていく。町の境界は道路ではなく、各家の敷地の裏を流れる太閤背割という下水道が町の境界だった。

麻田剛立との関係

もし理軒の塾の敷地が南本町通りの北側だったなら、その敷地の裏手は、下水道を挟んで本町四丁目である。実はその本町四丁目に、麻田剛立の塾兼研究所「先事館」があった。理軒の順天堂塾は、麻田剛立の旧邸にあったとする書物もあるので、ひょっとしたらふたつの塾は背中合わせだったのかもしれない。そして麻田は、安永《あんえい》三年（一七七四）八月一日の日食の観測地を、「大坂本街第四　心斎橋通稍《やや》東」と書いている。

そこで大胆予測をすれば、麻田の先事館は、現在の中央区本町三丁目三番、そして理軒の順天堂塾はその背中合わせの中央区南本町三丁目四番ということになるだろう。

理軒がその地を開塾地と決めた理由には、大師匠の麻田剛立への憧れがあったのかもしれない。しかしもうひとつ、理軒は教科書の出版を意識していたのだろう。順天堂塾から心斎橋筋を南に行けば、当時の出版も行う書店、つまりは出版社が数多く並んでいたのである。

算額でトラブル発生

自分の塾が持てた理軒。ところが開塾早々、ちょっとやっかいな問題に巻き込まれる。それは、天保六年（一八三五）八月のことであった。当時の数学者たちのあいだには、難問ができたら、算額《さんがく》という額を作って神社に奉納するという習慣があった。広く天下にその実力を誇示するためである。

「どや、こんな問題、解かれへんやろ？」

と自慢したのだ。そしてそれを見て、もし解けた人がいれば、その人が解答を奉納する。今でいう研究発表会のポスターセッションみたいな場が神社の境内だった。

開塾まもない理軒も、ここはひとつＰＲが必要と、天満の天満宮に算額を奉納した。ところが、ことあろうに師匠の武田眞元がその算額に異議を申し立てたのである。ひょっとすると、弟子のあいつぐ独立を快く思っていなかったのかもしれない。武田は、理軒が掲げた立体幾何学の問題を「邪術」とした。

「武田の先生が、そんなこと、いうてはるんかいな」

さっそく兄の金塘が心配してその問題を解いてみる。

「おまえはおかしないで、どうみてもおかしないわ」

「そやろ、お兄ちゃん」

決着はいかに？

兄弟は、武田の指摘に反論した。そしてこの争論は、福田派と武田派の深刻な対立にまで発展するのである。福田と武田の名前に両方とも「田」の字があることから、世の人々はこれを、「二田」の争論と呼んだという。ネーミングまで残るくらいだから、その対立は相当なものだったのだろう。

そこで天文暦法の総元締、土御門家《つちみかどけ》が、小出兼政《こいでかねまさ》（一七九七―一八六五）に判定を委ねた。小出は、日下誠《くさかまこと》（一七六四―一八三九）に学んだ人物だ。日下は、関孝和《せきたかかず》（一六四〇頃―一七〇八）を創始者とする関流の最高免状「印可《いんか》」を与えられた人物だった。小出は「理軒の問題は正当」との判定をくだす。

この事件以来、それまで大坂のトップクラスだった武田派にかわって、福田派が勢力を拡大したといわれる。以後理軒は、判定の主、小出兼政に師事することになる。まあ、当然でしょうなあ。

順天堂塾を見学しよう

それではここで、当時の算学塾がどんな風だったか。訪ねてみることにしよう。

「算学速成《さんがくそくせい》」という本には、大坂の風景や塾の様子などが描かれた挿絵《さしえ》が数多く掲載されている。実は本書でこれまで示してきた大坂の風景は、この「算学速成」からの引用である。

「算学速成」は、もともとは、理軒の兄金塘によって、天保七年（一八三六）に刊行された本だった。

和算全体をコンパクトにまとめていて、塾の教科書としてうってつけの本であった。ところが刊行翌年の天保八年（一八三七）、有名な大塩平八郎《おおしおへいはちろう》（一七九三―一八三七）の乱が起きる。このとき、経済の中心地にあった今橋も大きな被害を受けた。そして「算学速成」の版木もこのとき焼失してしまったのである。この乱により、大坂の市街の五分の一が焼けたといわれる。

とんだとばっちりを受けたものである。そこでおよそ二十年後の安政五年（一八五八）に、理軒が中心となって、この兄の本を作り直した。このときに理軒が、豊富な挿絵を付け加えたのだと考えられる。そこで、この本に描かれている塾は順天堂塾とされる。

子ども向けと大人向け

「塾の授業、見学できますか？」

「ご子息のほうですか？　それともお父上のほうで？」

当時の算学塾には、子ども向け教室と大人向け教室といえるコースがあった。ふたつのコースは、その教える内容がまったくちがっていた。

子どものメインは、そろばんだ。ただ、そろばんなら寺子屋でも習うことができたはずだ。それをわざわざ高いお金を出して、数学の専門塾に通わせようというのだから、塾生の親は、それなりのお金持ちだったにちがいない。

　子ども向けの教室を見学にきた親子連れが描かれている。絵の右上だ。

「ほれみてみ。みんな一生懸命勉強してはるやろ」

「ほんまや」

「おまえも、ここで、そろばん教えてもらうか？」

　そんな会話が絵から聞こえてくる。親がこの塾で子どもを勉強させたいのは、

「へえ、お宅のぼん、あの有名な理軒先生の塾に行ってはるんやて？」

と、いわれたいからかもしれない。理軒の

順天堂塾の授業風景（子ども向け教室）

塾には、そんな親のプライドをくすぐるブランド力があった。

雰囲気作りも大切だ

もう少し詳しく絵を見てみよう。教室では、机が長方形に並べられている。そこから少し離れた左側で、問題を読み上げているのが助手の先生だろう。左手奥には大先生がお控えだ。おそらく福田理軒である。

床の間に目をやろう。その右に、何やらあやしげな木箱が三つある。箱に書いてある文字を解読すると、「天文暦術書」、「福田流伝書」、「著述被伝書」である。実にうまい演出で、これがさりげなく権威を高めている。お医者さんの待合室に、医学博士の免状が飾ってあるのを思い出す。

そしてよく見ると、先生は刀だって持っているのだ。絵の右端には、刀掛け台も見える。帯刀が許されるほど、偉い先生なのだ。

この雰囲気を見れば、見学のお父さん。

「よっしゃ、決めたで。おまえは順天堂さんのところで、勉強したらええ！」

「うん！」

順天堂塾にまたひとり、新しい塾生がふえた。

第三章　和算に挑戦してみよう

和算生まれる

順天堂塾の子ども向けの教室では、そろばんがメインの科目だった。

日本のそろばん計算は、中国伝来とされる。漢字も中国、数学も中国となると、多くの文化は大陸から伝わったわけだ。しかし日本人は、漢字からひらがなやカタカナを作り出したように、文化文明を独自にアレンジして発展させる力を持ち合わせていた。

そろばんを日本に持ち込んで普及させたのは、毛利《もうり》重能《しげよし》（生没年不詳）という人だとされる。毛利は最初、姫路城の基礎を造ったことでも有名な池田《いけだ》輝政《てるまさ》（一五六五*―一六一三）の家来だった。その後、天下を取ることになる豊臣秀吉《とよとみひでよし》（一五三七―一五九八）の家来となり、秀吉の命により中国の明に留学した。このとき現地でベストセラーになっていた「算法統宗《さんぽうとうそう》」という算術の本を日本に持ち帰ったとされる。ここで、「される」というのは、行ったのは朝鮮だったとか、いや、本当は海外には行ってないとか、いろんな説があるからだ。しかしこの「算法統宗」という本をバイブルにして、毛利がそろばんの計算を日本で大々的にヒットさせたということは、まぎれもない事実なのである。

「算法統宗」の著者は、程大位《ていだいい》（一五三三―一六〇六）という人だ。その本は、一五九二年の出版だから、毛利はまさに刊行まもない話題作を持ち帰ったことになる。

割算が魔法のように

毛利は江戸時代になると、摂津国《せっつのくに》武庫《むこ》郡《ぐん》瓦林《かわらばやし》に住んでいたという。現在の阪急電車西宮北口駅の東側にあたるエリアである。

その後、京都の二条《にじょう》京極《きょうごく》に移り住み、「算法統宗」をネタに数学塾を開いたのである。その人気は、まさに「門前市を成す」ほどで、塾生は数百人にも及んだといわれる。

「手品か魔法のように、割算ができるそうや」

「ほんま、毛利はんところの塾は、たいしたもんやなあ」

今のそろばん教室ともいえる毛利の塾がもてはやされた最大の理由は、「あのややこしい割算が、そろばんを使って簡単にできてしまう！」というところにあった。

毛利は、今では「割算書《わりざんしょ》」という名で呼ばれている日本の数学書の草分け的な本を、元和《げんな》八年（一六二二）に書き、日本の「そろばんの元祖」となる。かつて秀吉から、「割算天下第一」とほめ称えられ、その塾には「天下一割算指南」という看板が掲げられていたという。

有名な「塵劫記《じんこうき》」を書いた吉田《よしだ》光由《みつよし》（一五九八―一六七三＊）も、毛利の弟子のひとりだった。「塵劫記」は、寛永四年（一六二七）に書かれ、江戸時代の和算を代表する本となった。日本の「和算」の基礎は、毛利重能と吉田光由によって作られたといえるだろう。

もっともこの「和算」という言葉は、明治以後に普及した言葉である。ちょうど「洋食」が普及したことで、古くからの日本の食事を「和食」と呼ぶようになったのと同じである。今、私たちが「和算」と呼ぶ江戸時代の数学を、当時の人たちは「算術」や「算学」と呼んでいた。でもやっぱり私たちは、江戸の数学を「和算」と呼ぶことにしよう。

五円玉が九十六枚

それではいよいよ和算の問題にチャレンジだ。まずは身近なお金の計算からいきたい。

ところが、数学の文章問題をやるには、背景としてその時代の知識が必要だ。これからやろうとする和算の典型的な問題を解くにも、当時のある習慣を知っておく必要がある。そこでその習慣をまずは、現代風に置き換えて紹介してみる。

（父と娘の会話）

お父さんと娘が机の前に並んで座っている。

机の上には、数多くの五円玉と一本のひもが置かれている。

「五円玉には穴があるね。その穴に、このひもを通してごらん」

「こう？　お父さん…」

「一枚じゃなくて、何枚もね」

「…二枚、三枚…」

歌うように、娘がひもを通す

「九十六枚、通してみようか」

「えっ、九十六枚も通すの？」

「通したら、ひもの両端をくくってしまおう」

「五円玉のドーナツだ」

「さて、そのドーナツひとつでいくら？」

「五円玉が九十六枚だよね…五かける九十六だから…ジャーン四百八十円！」

「ブブー！　残念、五百円でした！」

五円玉が九十六枚だから、5×96＝480円。娘の解答は現代では正しい。

ところが今、知ろうとする江戸時代の習慣に従えば、五百円になるのだ。

「硬貨九十六枚で、百枚分の値打ちにする」というその習慣は、「九六銭《くろくせん》」という名前で呼ばれていた。

一文銭が九十六枚

江戸時代なので五円玉ではなく一文銭が使われる。一文銭という一枚が「一文」の値打ちの硬貨にも穴があって、同じようにひもを通すことができる。このとき、九十六枚通して一束にする習慣があった。そしてここが重要である。その九十六枚の一束は、「百文」の値打ちがあるものとして、扱われたのである。つまり、一文銭は九十六枚で百文になったのだ。

「百文あげるね！」といわれて受け取り、念のため枚数を数えると一文銭は「九十六枚しかない！」ということなのだ。この数え方に対して、「本当の枚数」でお金を数える数え方もあった。こちらは、「丁銭《ちょうせん》」と呼ばれた。

一文銭とはこんな感じの硬貨

そこで「丁銭で百文」なら、百枚中の九十六枚で、すでに百文の値打ちがある。だから、まだある四文を加えて、「丁銭百文」には「百四文」の価値があることになる。古文書で「百四文」という中途半端な金額を見かけるのには、こんな理由があった。

そしてもうひとつ。「千倍」を意味する「貫《かん》」という「単位」も覚えておこう。これで準備完了だ。
それでは「算学速成」から、和算の問題に挑戦だ。

本当は何枚？

【問　一文銭では何枚？】
銭三貫四百六十文は丁銭ではいくらか。

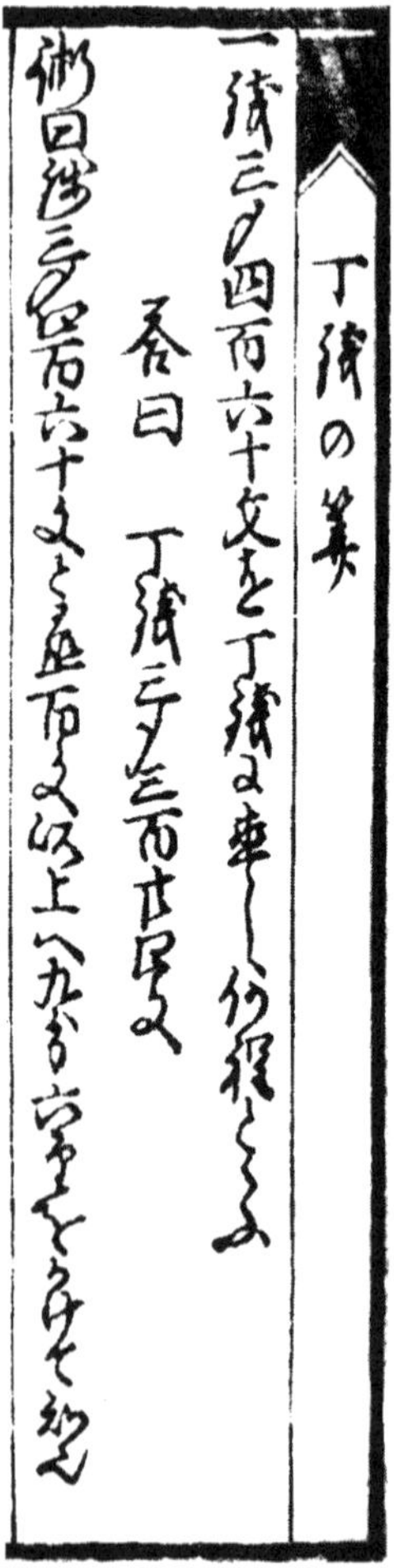

丁銭の算
一《ひとつ》　銭三貫四百六十文を丁銭に直《なお》して何程《なにほど》ととふ
答日《こたえいわく》　丁銭三貫三百廿《にじゅう》四文
術日《じゅついわく》　銭三貫四百六十と置《おき》　百文以上へ九分六厘をかけて知也《しるなり》

三貫四百六十文を、一文銭にしたら実質何枚かというのが問題の意味だ。貫は千だから、「三貫四百六十文」は「三千四百六十文」のことだ。

もし「九六銭」の習慣を知らなかったら…。

「三千四百六十文だから、三千四百六十枚に決まってるじゃない。変な問題！」

と、思ってしまう。

今は、九十六枚からなる一文銭の束が三十四束あり、あと一文銭が六十枚あると考えられる。

三十四束分の一文銭の枚数は、

96枚×34＝3264枚

である。これに、六十枚が加わるから、

3264＋60＝3324枚

丁銭では三千三百二十四文という計算になる。

ここで再び「千」を「貫」に直して、正解は「三貫三百二十四文」となる。

「答曰《こたえいわく》」というところに、正解があって、崩し字で「答曰　丁銭三貫三百廿四文」と書いてある。「廿」

は「にじゅう」として昔はよく使われた。

九六銭制度の意味は、まとまったお金は、額面以上に価値があるということなのだろう。ではなぜ「九十六」なのか？「九十五」でも「九十七」でもよさそうだ。

「百文あげるから、ちゃんと三人で分けてよ」

「おおきに、ほな、三人でわけよか？」

「九十六」という数字は、実に多くの数字で割り切れる。一、二、三、四、六、八、十二、十六、二十四、三十二、四十八、そして九十六。「何で割るにも便利！」が、その理由だという説がある。

銀は当時の国際通貨

江戸時代の人は、どうやって外国人にお金を支払っていたのだろうか？　それが疑問だった。実は銀貨が使われた。そして銀貨は基本的に重さで価値が決まったのだ。

日本で生産された銀も、長崎で使われて、東南アジアに広く流通した。そして、当時の日本の銀の生産拠点だったのが島根県の石見《いわみ》銀山《ぎんざん》である。石見銀山が世界遺産となったのは、そんな国際貿易への貢献が理由のひとつであろう。

銀のお金をはかる単位として、当時の日本では、重さの単位「匁《もんめ》」が使われた。匁は、もとは中国の「開元通宝」という硬貨一枚分の重さだった。ところが「一匁」の重さは、江戸時代を通じて微妙に変化した。そして明治時代に「1匁＝3.75グラム」と決められた。

実に面白いことに、今の五円玉は、3.75グラムつまり一匁ピッタリに造られている。「一匁」が出てきたら、「五円玉」の重さを想像しよう。

そして「1匁」の十分の一が「分《ふん》」。銀貨のときは「ふん」と読む。そして「分」の十分の一が「厘《りん》」である。では問題だ。

一文銭で銀を買う

【問　銀に両替】
銭が一貫三百文ある。銭相場《ぜにそうば》が八匁九分のとき、銀にするとどれくらいか。

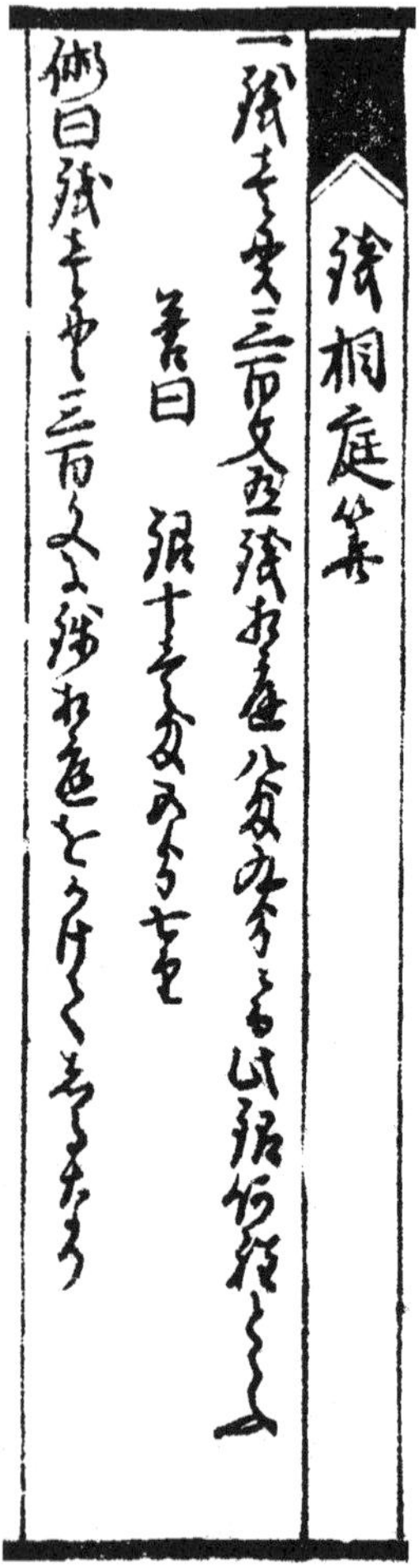

銭相庭算《ぜにそうば》

一　銭壱貫三百文有《あり》　銭相庭八匁九分に而《て》　此《これ》銀何程ととふ

答曰　銀十壱匁五分七厘

術曰　銭壱貫三百文に銭相庭をかけてしるなり

この問題のポイントは、銭相場という言葉である。原版では「場」の字が「庭」になっている。江戸時代、文字の音が同じなら、漢字はさほど気にされていない。銭相場は、一貫の銭でどれほどの銀が買えるか。つまり銀に両替できるかを示している。今は、八匁九分だから8.9匁の銀に相当するということだ。これさえわかればこの問題は簡単である。一貫三百文は、千三百のことだから、一貫のときの「1.3」倍の銀が買えると単純に考えればよい。原版の解き方を教える「術曰《じゅついわく》」でも、「銭壱貫三百文に銭相庭をかけてしるなり」と書いてある。

8.9×1.3＝11.57

銀は11.57匁、つまり銀十一匁五分七厘である。原版を見ると「銀十壱匁五分七厘」となっているので正解である。なお、「壱」は「いち」のことである。

金貨は四分の一で数える

「まあ、これがギリギリでんな」

「殺生な、そんなこといわんと…」

「番頭さん、これでどうでっしゃろ?」

「う～ん、そやなあ」

「よいしょっと、だんさん、ちょっと行ってきます」

江戸時代の銀行である両替屋の風景だ。両替屋では、一文銭と銀貨、そして金貨などとの両替が行われたわけだ。一文銭では、九六銭という独特の数え方があった。そして銀は重さで値打ちをはかる。実は金貨も独特の数え方をしたのである。金銀銅の三種類のお金がまったく別々の数え方で流通し、それらが両替屋で交換されていたわけである。

金貨の基本単位は、おなじみ「両《りょう》」だ。「両」も古くは重さの単位だった。ところが「両」はそのうち、小判一枚のことを意味するようになった。

そして一両よりも小さい単位は、「分《ぶ》」である。ところが金貨の「分」は、銀貨のように「十分の一」の意味ではない。なんと金貨の「分」は、一両の四分の一を意味する。そこで「算学速成」では、金貨では「歩《ぶ》」という漢字を使って区別している。

両替屋の風景

その「歩」の四分の一が「朱《しゅ》」である。だから「二朱」は、「一両」の「1/4」の「1/4」つまり「1/16両」だ。

金貨の「両」、「歩」、「朱」は、四分の一ずつの関係なのだ。

金を銀にする

【問　金を銀に両替】
金が一両一歩ある。金相場七十一匁四分で替えると銀の重さはいくらか。

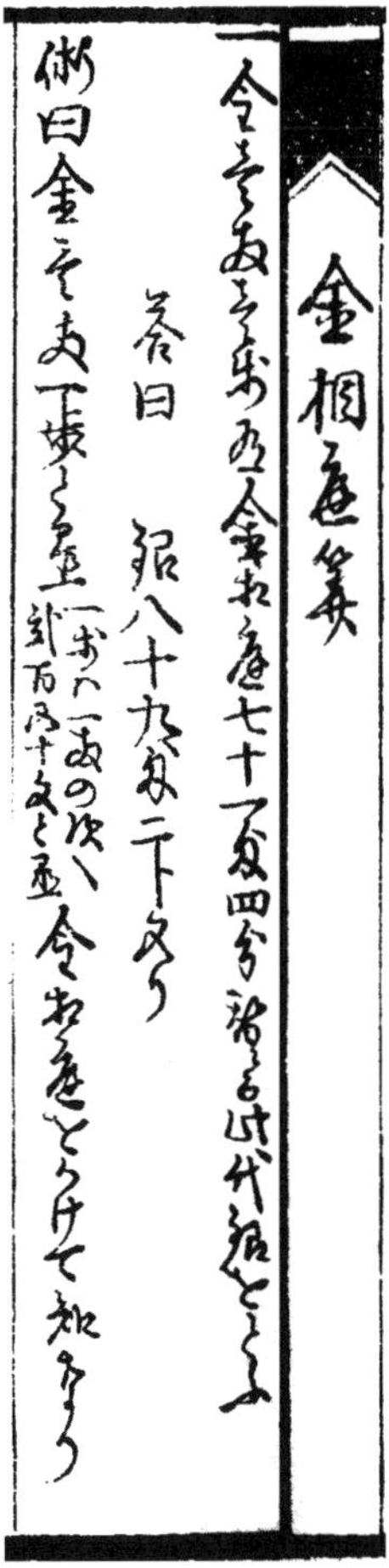

金相庭算
一　　金壱両壱歩有《あり》　金相庭七十一匁四分
替《かえ》に而《て》　此《この》代銀をとふ
答曰　銀八十九匁二歩五厘
術曰　金壱両一歩と置《おき》　一歩は一両の次へ
弐百五十文と置《おく》　金相庭をかけて知なり

金相場は、金一両で買える銀の重さである。問題では、七十一匁四分だから、「金1両＝銀71.4匁」ということである。そこで、今ある「一両一歩」が、小数で表わして何両なのかがわかればよい。あとは金相場をかけると、買える銀の重さが出る。

そこで「歩」は「両」の四分の一であることを思い出す。「1歩」は「1/4両」つまり「0.25両」だから、「一両一歩」は「1.25両」だ。これさえできればあとは簡単だ。

71.4×1.25＝89.25匁

「銀八十九匁二分五厘」と答えるとよい。

このように「歩」や「朱」が登場すると、四分の一ずつだから小数になおすのがかなり面倒だ。もし「朱」が出てくると、「一朱＝1/16両」である。そこで早見表が登場する。

昔の表を流用しよう

江戸時代のはじめ、永楽通宝《えいらくつうほう》というコインが関東を中心に流通していた。永楽通宝は、もとは中国の硬貨で、徳川幕府が慶長十三年（一六〇八）に通用禁止令を出すまで、永楽銭《えいらくせん》や永銭《えいせん》という名前で親しまれた。

金一両は永銭千枚に固定されていた。そして「両」の四分の一が「歩」、そのまた四分の一が「朱」であった。そのため、何歩何朱の金が永銭何枚に相当するかという早見表がよく使われた。

たとえば、早見表の「一歩」のところを見ると、「二百五十文」と書いてある。これは、一両が千文であるとき、一歩は二百五十文ということだ。つまり一歩は「0.250両」と教えてくれている。「一朱」も見てみよう。一両が千文に対して、一朱は六十二文五分、つまり「0.0625」だとわかる。「二歩三朱」ならもっとありがたい。早見表の「二歩三朱」を見ると、「六百八十七文五分」とある。そこで「二歩三朱」は「0.6875両」だとわかる。

この永銭の早見表を使えば、両の小数値が簡単に読み取れるのである。

「どうですやろ。魔法のようでしゃろ」

「こちらの塾の子は、さぞかしお金の計算に強くなるんでしょうね」

「うちの塾では、いろんな秘伝を教えますさかいに…」

「なるほど、それじゃあ大人向けの教室ではどんなことされてるんですか？」

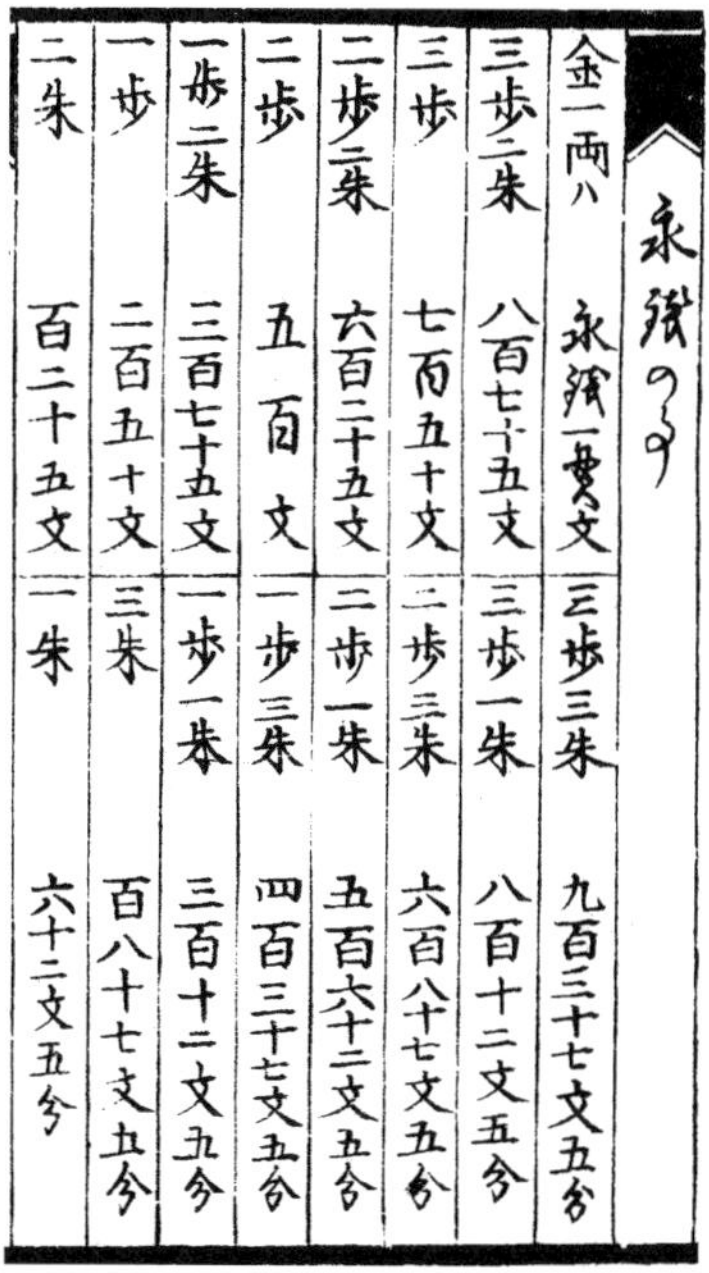

永銭のこと			
金一両	永銭一貫文	三歩三朱	九百三十七文五分
三歩二朱	八百七十五文	三歩一朱	八百十二文五分
三歩	七百五十文	二歩三朱	六百八十七文五分
二歩二朱	六百二十五文	二歩一朱	五百六十二文五分
二歩	五百文	一歩三朱	四百三十七文五分
一歩二朱	三百七十五文	一歩一朱	三百十二文五分
一歩	二百五十文	三朱	百八十七文五分
二朱	百二十五文	一朱	六十二文五分

永銭の早見表

「そうですな。大人の方は、お金の勘定のほうにはあんまり興味を持たれません」

「じゃあ、いったい何を？」


それでは私たちも、そろそろ大人向けの教室の見学へと向かうことにしよう。

大人は塾で算木を使う

「う〜ん、なかなか、むずかしいですな。木村どの…」

「天体の動きの計算は、かなりしんどいですなあ、山田どの」

「こう、行きますか…」


と、マス目の中にある小さな棒を動かす。

ご主人たちが一生懸命、算学に打ち込んでいるとき、左の奥の縁側では、お伴の男が退屈しのぎに遊んでる。


「えらいやっちゃ、えらいやっちゃ、この踊り知ってるやろ？」

「なんやそれ、阿波踊りかいな」

部屋の中では大人の塾生たちが大きな表を畳の上にひろげている。その表のマス目の中に、小さな棒が並べられている。棒で数字を表すのである。マス目の間の数的関係を考えて、将棋や囲碁みたいに計算問題を解いていく。これが算木《さんぎ》という計算道具なのである。

明の時代に、そろばんがブレイクするまで、実はこの算木こそが、中国数学の代表的な計算ツールだったのだ。大人の塾生は、そんな算木をよく使ったのである。

支配者層のための数学

ではなぜ大人の塾生は、そろばんでなく算木だったのか。大人向けの教室理解のために、少しだけ、古代中国の数学のお話を

大人の塾生は算木で何やら研究中（大人向け教室）

語っておこう。

中国では、すでに西暦一世紀頃、「九章算術《きゅうしょうさんじゅつ》」という立派な数学の本ができていた。その本には、秦、漢の時代に蓄えられた数学の知識が、百科事典のように整理されてまとめられていた。

田の面積の測量、租税となる穀物の計算、穀物の運搬やその配分、土木工事関係などで使う数学だ。税務と測量を中心に、国の役人として必要な数学がその本には並んでいた。つまり当時の数学は、支配者層のためのものだった。そしてこれらの具体的な計算に、算木が使われたのである。

宋から元の時代になると、算木の計算術はさらに発展を見せる。今なら未知数エックスを使って解く代数方程式を、算木を使って解く方法が開発されたのだ。

天元術《てんげんじゅつ》と名付けられた代数方程式の解法術は、朱世傑《しゅせいけつ》（生没年不詳）の「算学啓蒙《さんがくけいもう》（一二九九）」という本によって広く知られるようになる。

ところが、明の時代になると、商人や庶民のための数学が盛んとなってくる。このとき、庶民の計算道具として、そろばんが普及したのである。

この歴史的背景から、算木は支配者階級のための計算道具であり、そろばんは商人や一般庶民のための計算道具というイメージができあがったのだ。

「そろばんかいな。そろばんは、商人や子どもらがするもんや」

各藩の蔵屋敷に米が運ばれてくる

測量は年貢を決める重要な仕事

大人の塾生たちは、算木を使う支配者層のための高等数学を好んだ。そこで理軒は、暦や関連する天文知識、測量などを研究し、教育したのである。暦法の総本山、土御門家に入門したのもそのためだ。

大人の教室を今一度、見てみよう。秘伝書の箱には、「福田流伝書」のほか、「新暦術秘書厨《しょちゅう》」、「天文測量秘書」などの文字が見える。

「大人の塾生の方は、茶道や生花みたいに、算術をやりはりますな」

お金も時間もある大人の塾生たち。和算は粋な趣味のひとつだった。

第四章　数学で攘夷だ！

黒船をやっつける本

嘉永六年（一八五三）、理軒は満三十八歳になっていた。開塾から十九年、順天堂塾は順調に発展を遂げていた。しかしこのあたりで、もうワンランクアップを目指したいところだ。そんな矢先に事件は起きた。ペリーの来航である。

「よっしゃ、この黒船ブームに乗って、一発、勝負に出てみよう！」

と、「黒船をやっつける」本を世に出した。それが「測量集成」であった。

理軒は「測量集成」で、当時の測量機器をいくつか登場させている。「こんなもので距離が測れるの？」と思うような簡単な道具から、三角関数を使う本格的なものまである。

「えっ、江戸時代に三角関数？」

そうなのだ。すでに立派に活躍していたのである。

「さぞかしむずかしいんでしょうね?」

「いやいや、意外に簡単だ」

それでは「測量集成」を読みながら、江戸時代の最先端の応用数学である、測量学に挑戦してみることにしよう。

のぞいて合わせる

まずは、量尺《りょうしゃく》という道具が登場する。量尺は、図のような金属製の小さな板である。中央にくり抜かれた隙間があり、そこから向こうを見通せる。隙間の上下幅は、図で「動く部分」とあるスライドを動かして調節できる。

量尺の持ち方の図を見てほしい。鎖を目にやり、量尺本体を前に突き出す。そして隙間から目標物を、のぞいて合わせる。これだけで距離が測れるのである。

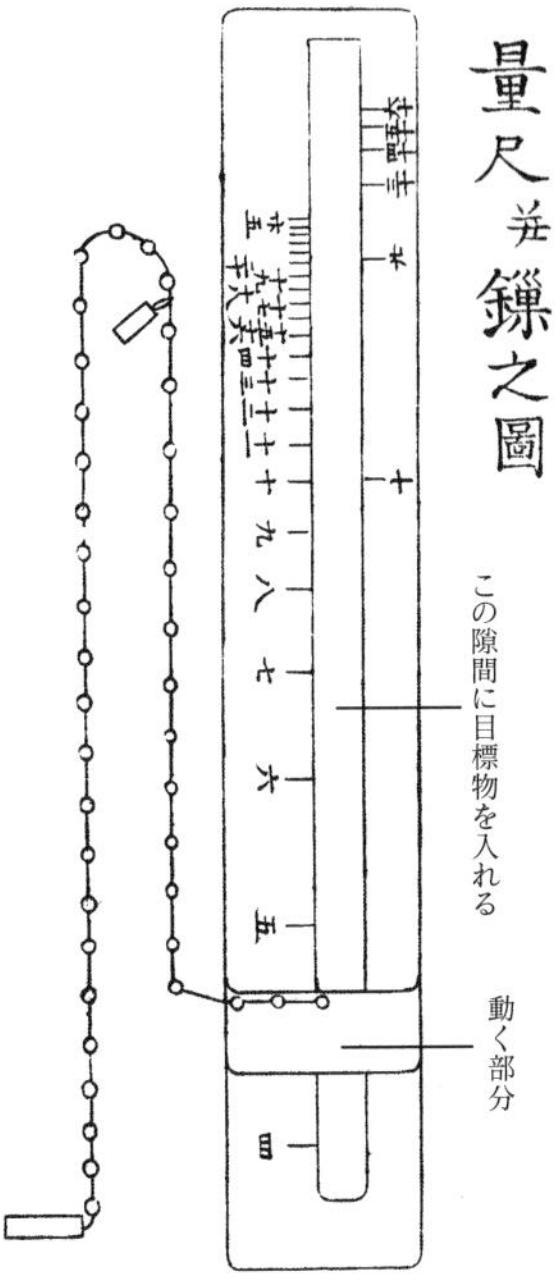

量尺並《ならびに》鎖《くさり》之図

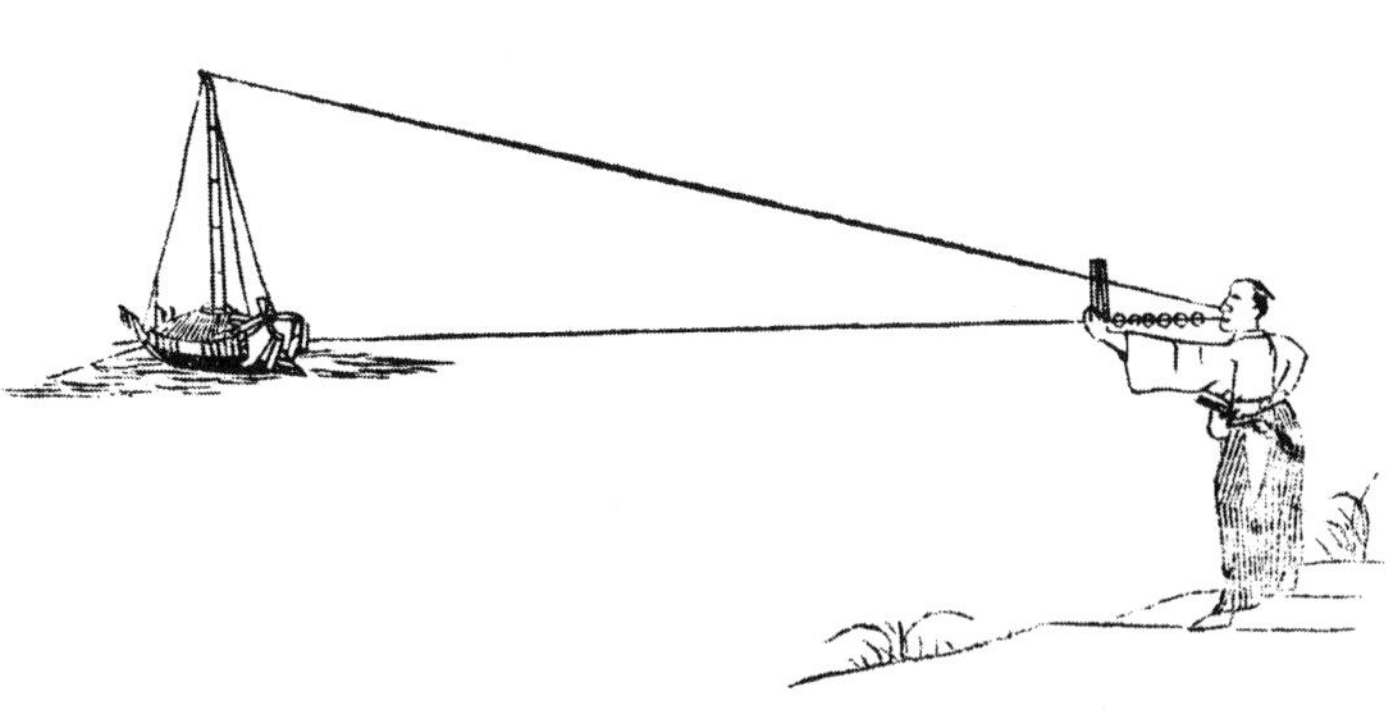

船までの距離を測る

量尺その原理

量尺の原理は、三角形の相似である。船までの距離を測る場合には、量尺の「動く部分」をスライドさせて、隙間の上下にぴったりと、船のマストの先端と根元が入り込むようにする。このとき船までの「距離」とマストの「高さ」でできる三角形は、手元の量尺の「鎖」の長さと「隙間」の上下幅でできる三角形と相似だ。そこでふたつの三角形の辺の比は等しい。

「鎖」:「距離」=「隙間」:「高さ」

ここで、「内項と外項の積は等しい」法則で、式変形する。

「距離」×「隙間」=「鎖」×「高さ」

結局、「距離」イコールになおすと、つぎのようになる。

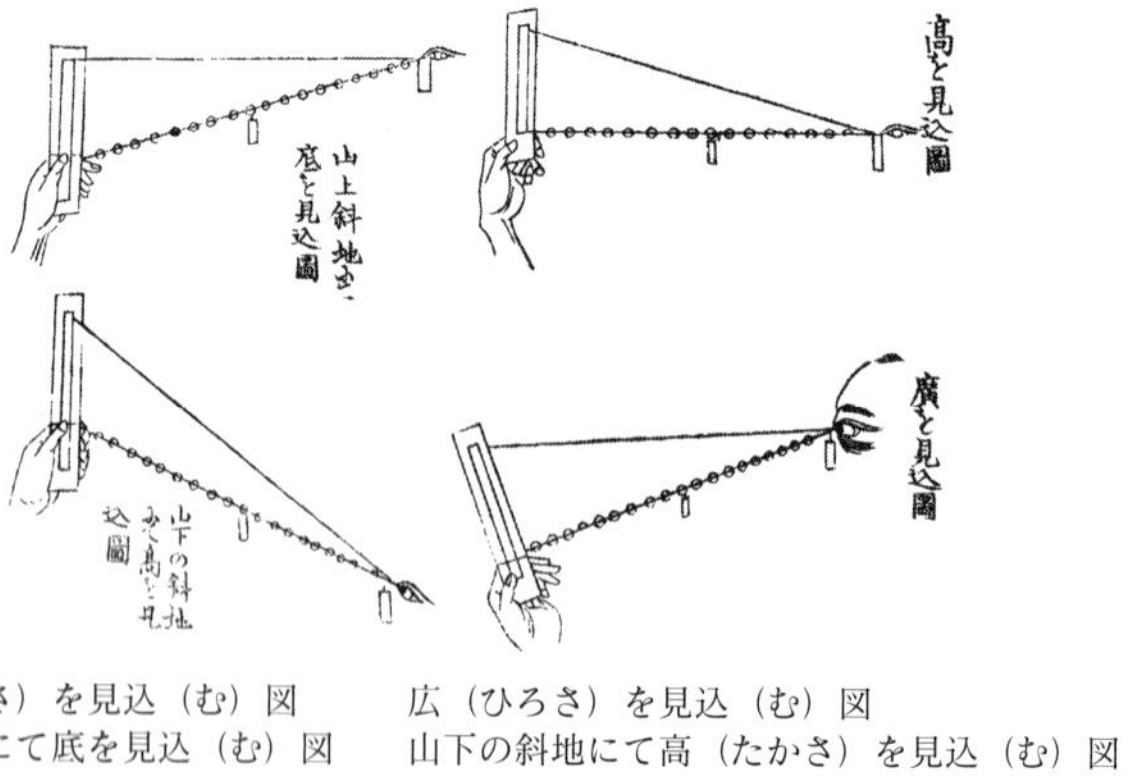

高（たかさ）を見込（む）図　広（ひろさ）を見込（む）図
山上斜地にて底を見込（む）図　山下の斜地にて高（たかさ）を見込（む）図

量尺の持ち方の図

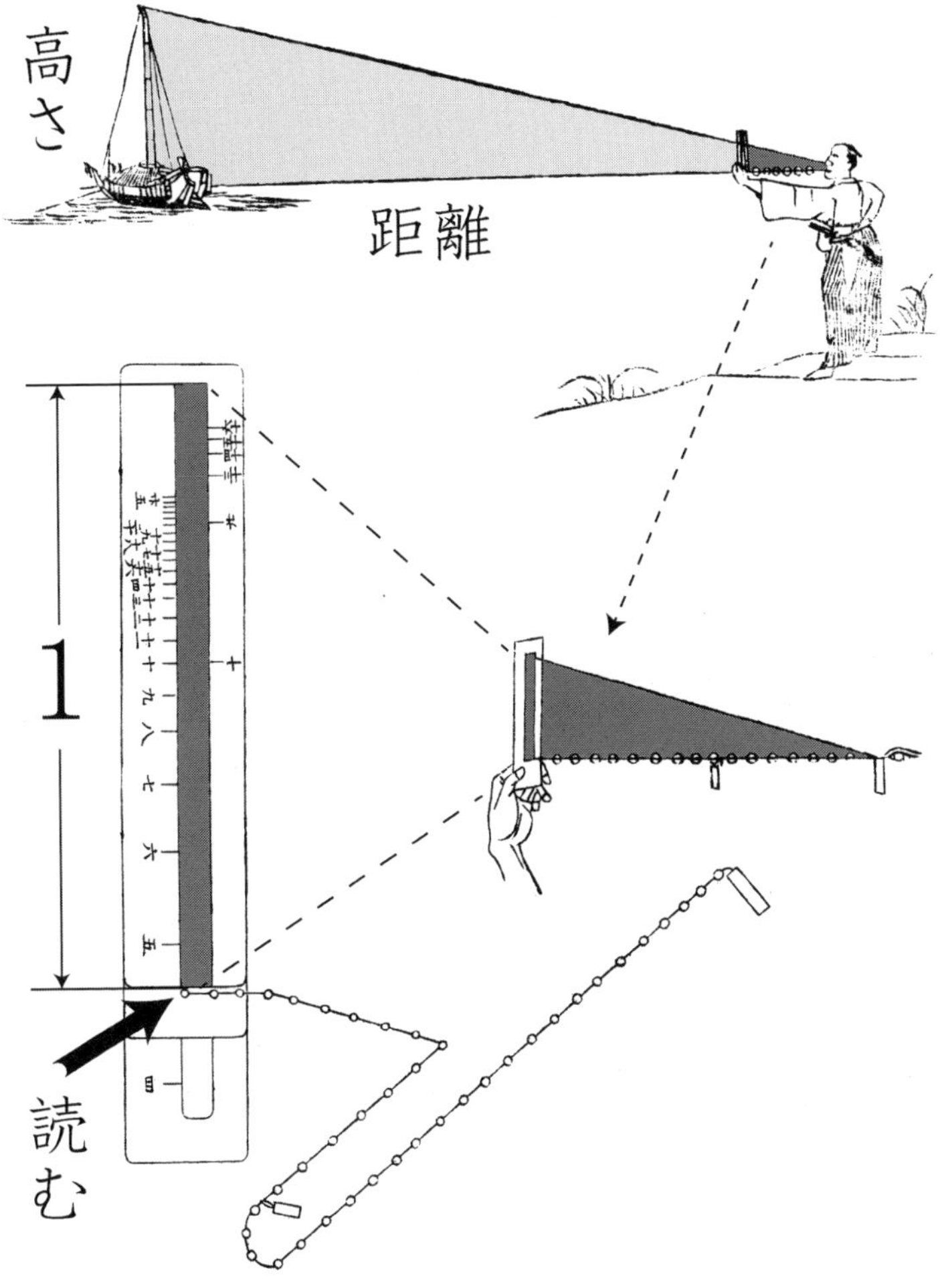

量尺の原理

「距離」＝「鎖」÷「隙間」×「高さ」

つまり船のマストの「高さ」、量尺の「鎖」と「隙間」の長さがわかれば、船までの「距離」が計算できる。量尺の「鎖」の長さは一定で、「隙間」は「動く部分」がスライドして変化する。

そこで、あらかじめ、いろいろな位置にスライドさせて、「鎖」÷「隙間」の答えを量尺の上に書き込んでおく。実はそれが量尺の目盛なのである。そこで、前の計算式はつぎのように変形できる。

「距離」＝「量尺の目盛」×「高さ」

たとえば、量尺の目盛が「五」を示し、船のマストの「高さ」が二メートルなら、船までの「距離」は、5×2＝10で、十メートルだと計算できる。

「ちょっと待ってください。でも船の高さはどうしたらわかるんです?」

まさにその通りだ。この測定方法には致命的欠陥がある。目標物の高さがわかっていなければ、距離が出せない。

しかし、もし地上での測定なら、高さのわかっている棒を目標地点に置けばいい。工事現場でよくみる赤白のポールは、全長二メートル、赤白の部分はそれぞれ二〇センチの長さと相場が決まっている。そんなポールを目標物にすればよい。

「じゃあ誰が、そんなポールを黒船に置きに行くの？」

そこで理軒は思いついた。黒船の各部分の大きさや長さのデータを、「測量集成」に書いておけばいいと。

「黒船には、いくつかの型がありましてな。だいたい長さが決まってるんですわ」

まさに逆転の発想の登場だ。

黒船データはこう活用

理軒は、黒船をいくつかのタイプに分類し、船の全長やマストの高さ、窓の間の距離などのデータを集めた。昔は船のバリエーションが限られていたわけである。

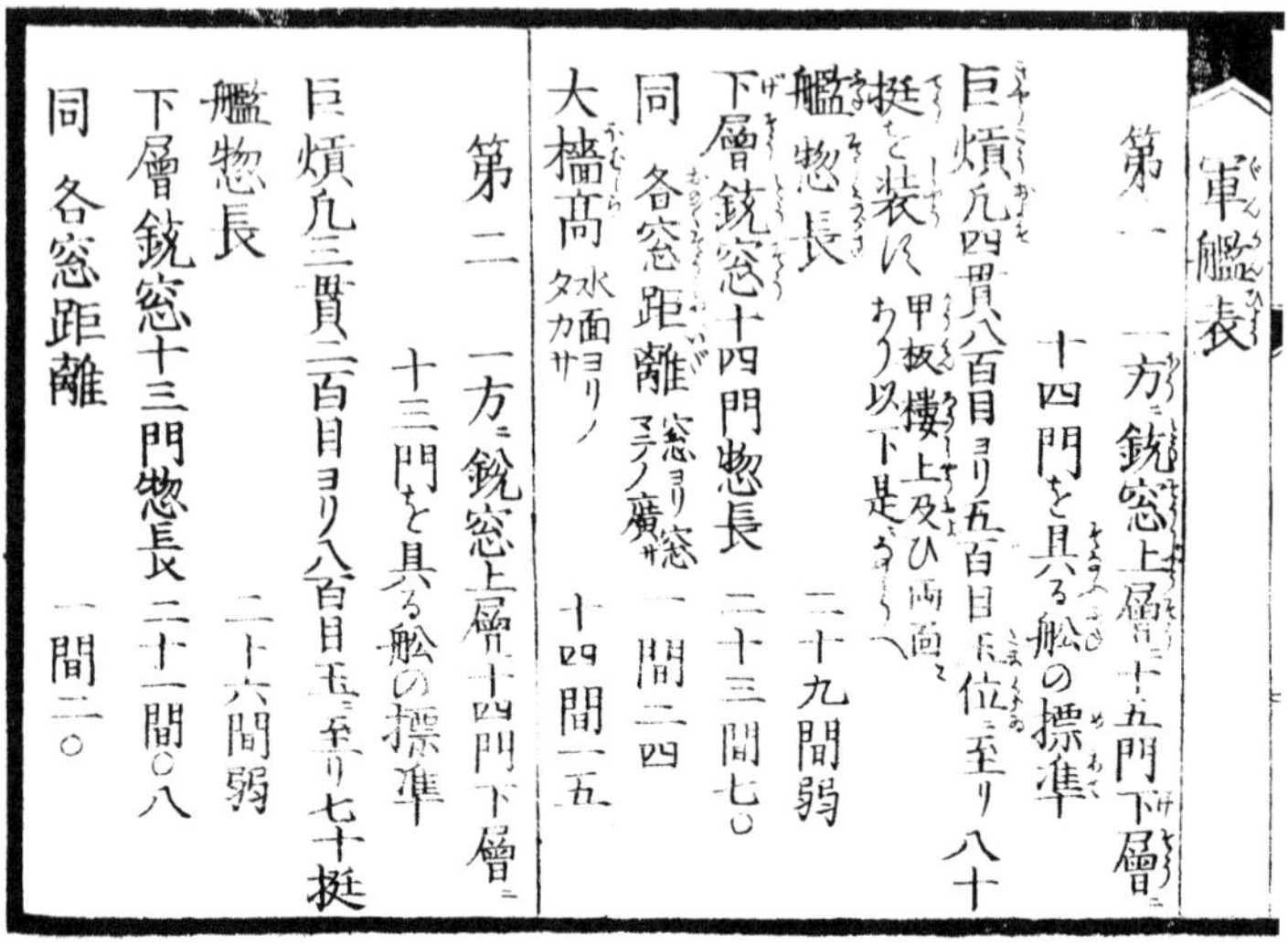

軍艦表《ぐんかんひょう》

第一　一方に　銃窓上《とうそうじょうそう》 層十五門　下層《げそう》に十四門を具《そなふ》る船の標準《めあて》

巨熕《きょこう》（大砲のこと）凡《およそ》 四貫八百目より五百目玉位《たまくらい》に至り

八十挺《ちょう》を装《しょう》す　甲板楼上《こうはんろうじょう》 及《び》ひ両面にあり　以下是《これ》にならへ

艦惣長《ふねそうながさ》　二十九間弱

下層銃窓《げ そうとうそう》十四門　惣長《そうながさ》 二十三間七〇

同　各《おのおの》　窓距離《そうあいだ》　窓より窓まて《で》の広さ　一間二四

大檣高《ほばしら》　水面よりのたかさ　十四間一五

第二　一方に銃窓上層に十四門　下層に十三門を具る船の標準

巨熕凡三貫二百目より八百目玉に至り七十挺

艦惣長　二十六間弱

下層銃窓十三門　惣長　二十一間〇八

同　各窓距離　一間二〇

「測量集成」には、黒船のタイプの見分け方とタイプ別の長さのデータが、二十五種類ほども並んでいる。

「黒船、来まっしゃろ。そうしたら、この本でどの型か見ます。黒船のどこかの部分の長さがわかります。その部分を量尺でのぞいてぴったりにし、そのときの量尺の目盛とその部分の長さをかけ算すれば、黒船までの距離が出ますな…」

なんというアイデアだろうか。現代の空港の飛行機で考えてみよう。

「あっ、あれは政府専用機のボーイング777－300ERだ（手持ちのデータブックを見ながら）。ええっと、全長は73.9メートルだな…」

量尺を横にして、隙間に飛行機の全長が入るように「動く部分」を調節する。そして量尺の目盛の数字と、調べた全長73.9メートルをかければボーイング777―300ERまでの距離がわかる。

例題をやってみよう

【問　川幅を測る】
川幅を測りたい。対岸に人が歩いているので、量尺で人をはさみ込むと、目盛はちょうど「六十」だった。このとき、川幅はいくらか。

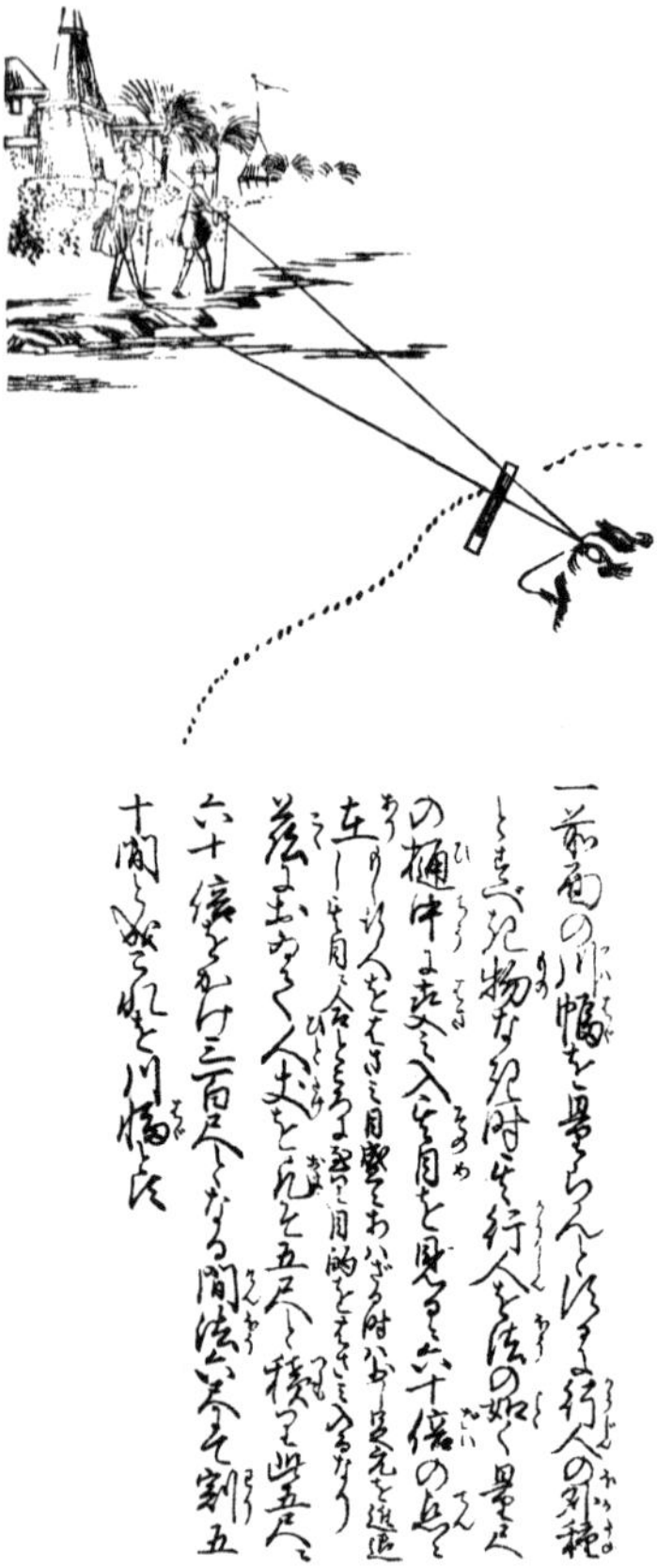

一　前面の川幅《かわはば》を量《はか》らんとするに　行人《こうじん》の外《ほか》　種《たね》とすべき物《もの》なき時　其行人《そのこうじん》を法《ほう》の如く　量尺の樋《ひ》中《ちゅう》に夾《はさ》み入《いれ》　其目《そのめ》を見るに　六十倍《ばい》の点《てん》と在《あり》もし　行人をはさみ　目盛にあは《わ》ざる時は　少し足元を進退し　其目《そのめ》に合《あう》ところに至りて　目的《めあて》をはさみ入《いれ》るなり
茲《ここ》におゐ《い》て　人丈《ひとたけ》を凡《およ》そ五尺と積《つも》り　此《この》五尺に六十倍をかけ三百尺となる　間法《けんほう》六尺にて割《わり》五十間と成《なり》　これを川幅《はば》とす

川幅を測ろうというとき、対岸には歩いている人しか、いい目標物がなかった。そこで、その対岸を行く人が量尺の隙間の中入るようにしたら、量尺の目盛は「六十」を示していた。このとき、目盛がたとえば三と四の間の中途半端な位置だったら、自分の立ち位置を前後に移動して調節し、目盛が三とか四とかのキリのよいところにする。

あと必要なのは、対岸にいる人間の身長だ。理軒は、人の身長をおよそ「五尺《しゃく》」とみればよいとしている。「一尺」とは、約三〇センチなので、およそ一五〇センチだ。江戸時代の人は今より背丈は低かったようだ。そして身長の「五尺」と目盛の「六十」をかけ算して、「三百尺」という距離が出る。

川幅は、約九〇メートルだ。

なお、「尺」は「六尺＝一間《けん》」というから、「三百尺」を「六尺」で割って、「川幅は五十間」と答えるのがよい。

目標となる人間の身長を、勝手に予測しているところがポイントだ。

江戸時代の長さの単位

尺や間という江戸時代の長さの単位が出てきたので、少しまとめておこう。

長さを測るには、江戸時代も定規を使うのが定番だった。ところが、業界ごとに独自の定規があった。

大工さんがよく使ったのは、「又四郎尺《またしろうじゃく》」という金属製の定規だったし、理軒などの測量専門家が好んで使った竹製の定規は、「念仏尺《ねんぶつじゃく》」というブランドだ。どれも単位は同じ「尺」なのに、定規によって「一尺」の長さが少しちがった。

そこで明治になって、メートルとの換算で「1尺＝10／33メートル」と決めた。尺より小さい単位は「寸《すん》」であり、「1尺＝10寸」であった。そして、大きいほうは前出の「六尺＝一間」だ。そこで一間は、約1.8メートルである。

土地の広さでよく使う「坪《つぼ》」という単位がある。「一坪」は、一辺が「一間」の正方形の面積なのである。

1尺＝10/33メートル（定義）＝約30.3センチ
1寸＝1/10尺＝30.3センチ×1/10＝約3.03センチ
1間＝6尺＝30.3センチ×6＝約1.818メートル
1坪＝1間×1間＝1.818×1.818＝約3.3平方メートル

今度は高さも測ってみよう

量尺を使えば、建物や山の高さも測れてしまう。つぎの例題を見てみよう。

【問　塔の高さ】

塔までの距離は、二百十六間ある。量尺の隙間に塔の上下がきちんと入るようにしたとき、目盛は「九」だった。塔の高さを求めなさい。

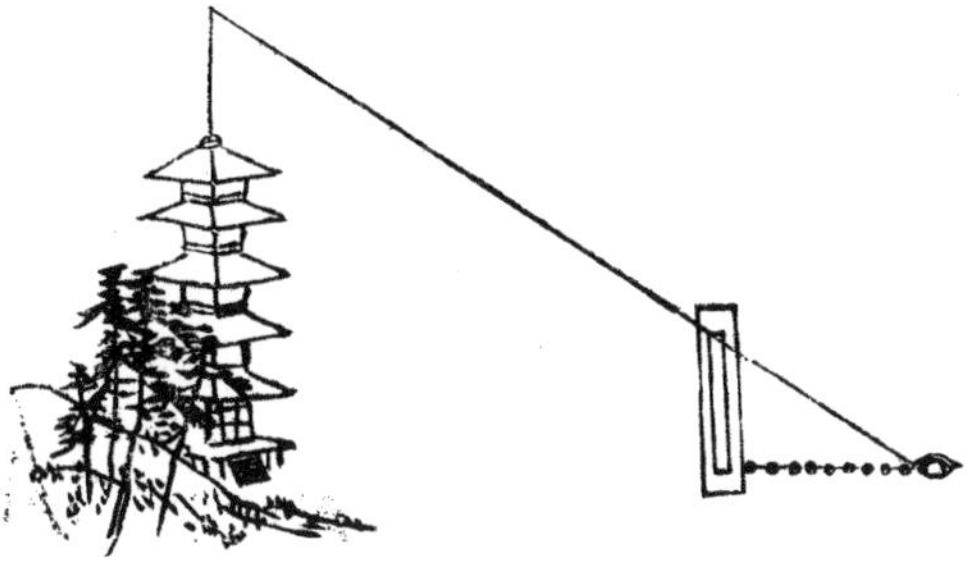

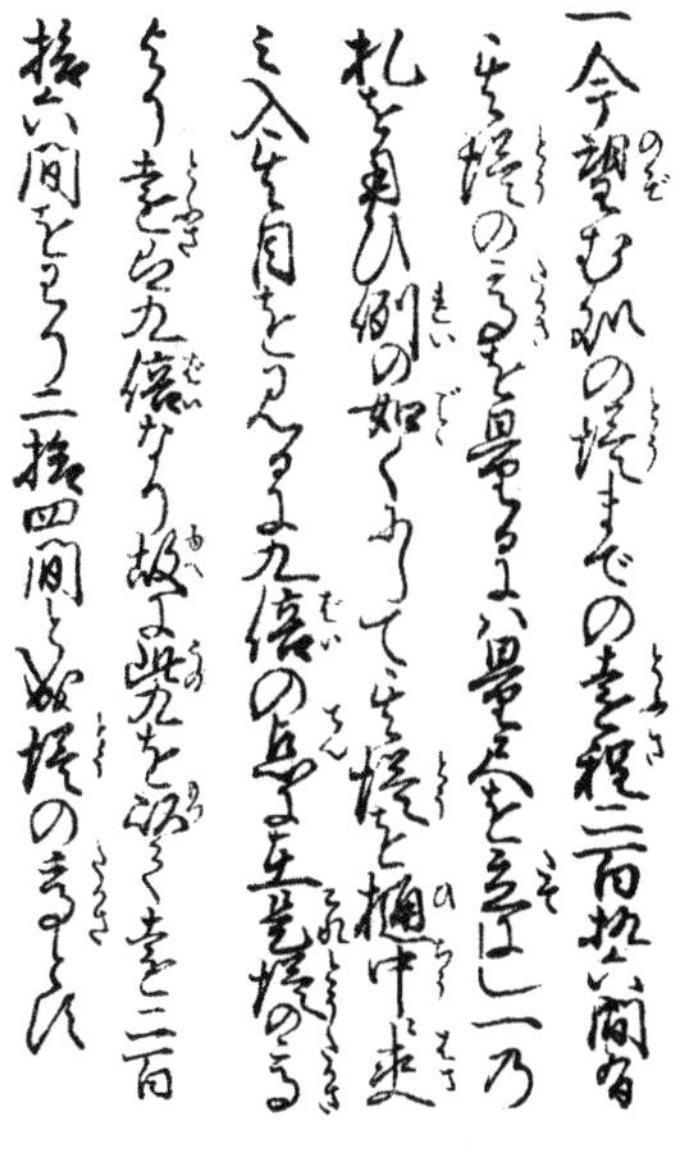

一　今望《のぞ》む処《ところ》の塔《とう》までの遠程《とおさ》二百拾六間有《あり》　其《その》塔の高《たかさ》を量《はか》るには　量尺を立《たて》にし　一乃札を用ひ例の如《ごと》くにして　其《その》塔を樋《ひ》中《ちゅう》に夾《はさ》み入《いれ》　其《その》目を見るに　九倍《ばい》の点に在《あり》　是塔《これとう》の高《たかさ》より　遠《とおさ》は九倍《ばい》なり　故《ゆえ》に　此《この》九を以《もっ》て　遠《とおさ》二百拾六間をわり二拾四間と成《なり》　塔の高《たかさ》とす

量尺の基本式はつぎのようだった。

「距離」＝「量尺の目盛」×「高さ」

これを「高さ」イコールに変形すれば、

「高さ」＝「距離」÷「量尺の目盛」

この「距離」は、塔まで歩いて行けるなら、縄や竿《さお》などを使って測ればよい。
その結果を、「両尺の目盛」で割算すれば、塔の「高さ」が計算できる。
この問題では、「距離」が二百十六間だから、「量尺の目盛り」の「九」で割ればよい。

216÷9＝24

塔の高さは二十四間である。

すばらしいアイデア

さらに測量技術は進歩する。こんな工夫をすると、塔までの長い距離をわざわざ測らなくてもよい。

まずは図を見ていただきたい。最初、A地点から量尺で山を見る。このときに、量尺の目盛が「六」だったとしよう。

「A地点から山までの距離」＝**6**×「山の高さ」

という意味だ。つぎにB地点まで移動する。そうすると量尺の目盛が「七」になったとしよう。

「B地点から山までの距離」＝**7**×「山の高さ」

ここで、両者の差を考える。「B地点から山までの距離」から「A地点から山までの距離」を引き算する。これは、

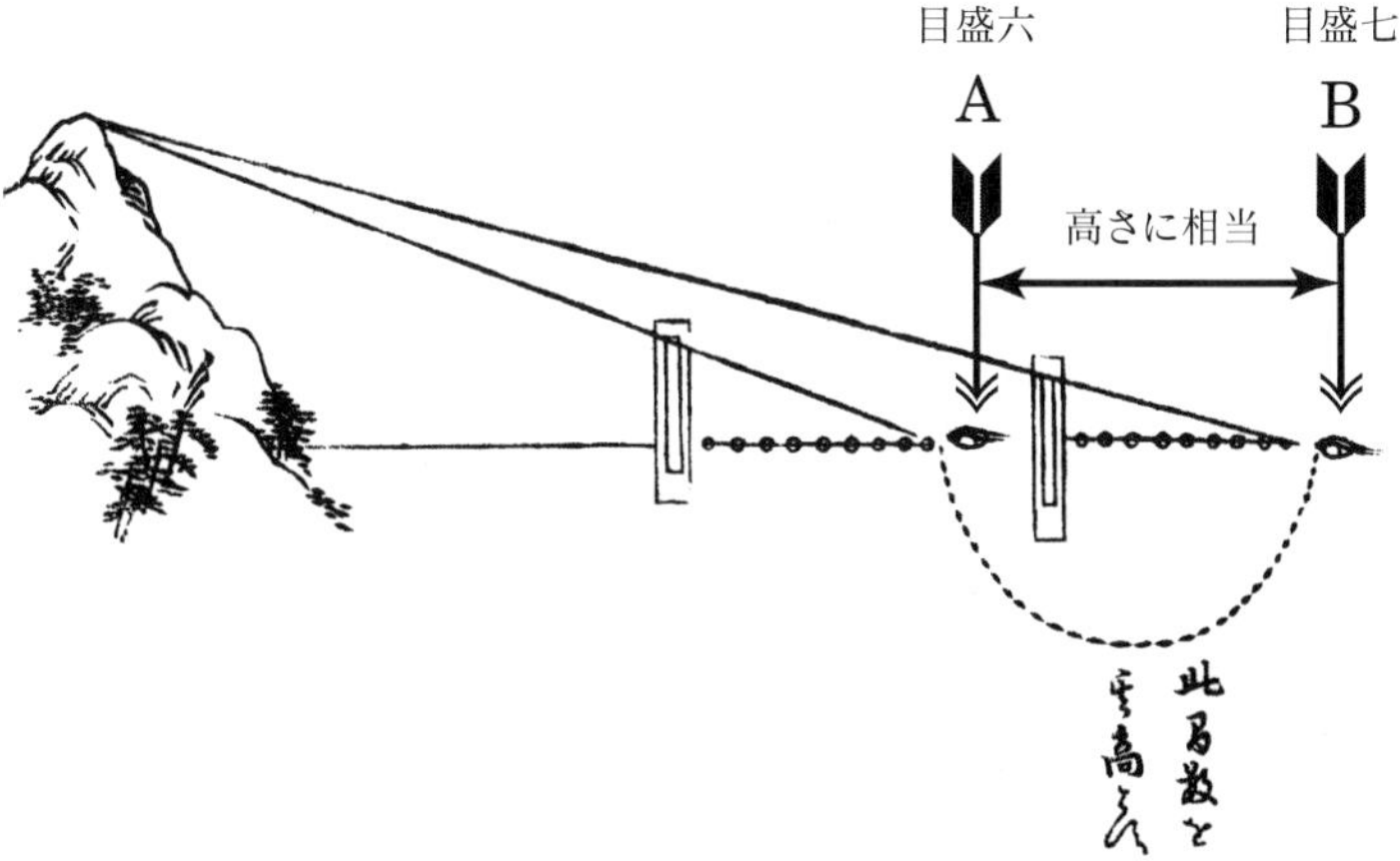

山の高さを測るテクニック

「A地点からB地点までの移動距離」にあたる。

「A地点からB地点までの移動距離」
＝「B地点から山までの距離」－「A地点から山までの距離」
＝7×「山の高さ」－6×「山の高さ」
＝「山の高さ」

なんと、「A地点からB地点までの移動距離」が「山の高さ」になる。量尺の目盛が「1だけかわる」ように移動すれば、その移動した距離が「山の高さ」なのである。これなら、途中に川や森があっても、測量地点周辺で移動できさえすれば、山の高さがわかるのである。

量地儀とはこんな道具

理軒はつぎに、量地儀《りょうちぎ》を紹介する。まずはその形から見てみよう。

量地儀

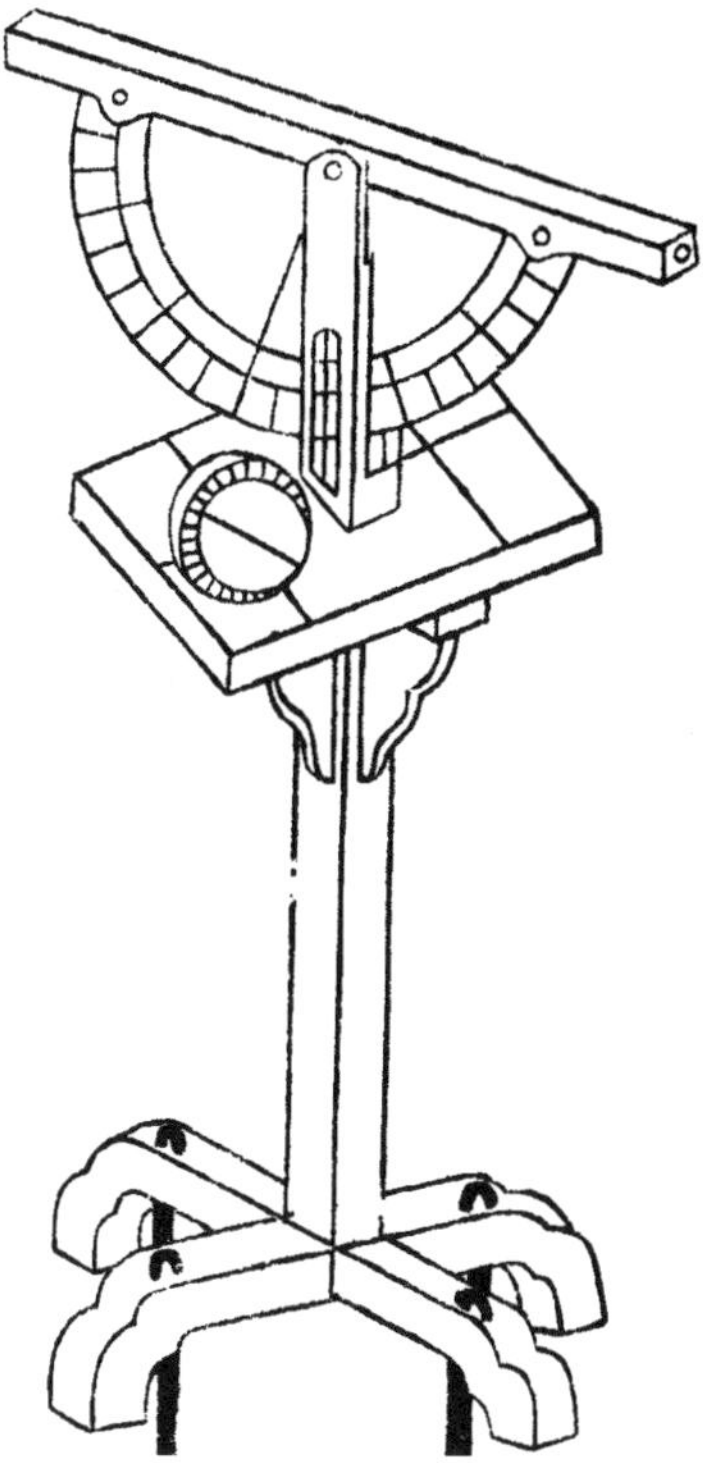
量地儀とはこんな器械

頑丈そうな柱と四脚でしっかりと支えられている。目盛付の半円盤が垂直に立ち、テーブルの上には方角を測るための磁石つまりはコンパスがみえる。半円盤の直径にあたる筒のような部分は、中が空洞になっていて、望遠鏡のように向こうがのぞけるようになっている。

この穴から目標物が見えるように、器械の方向を動かす。「望遠鏡」は水平方向の回転はしないから、向きをかえるときは「よっこらしょ」と台ごと方向をかえる。

それでは、この量地儀の使い方を説明しよう。

方角を知るのがポイントだ

【問　黒船までの距離】
量地儀と磁石を使って、黒船や小船までの距離を測る方法を説明しなさい。ただし、定規や分度器を使ってよい。

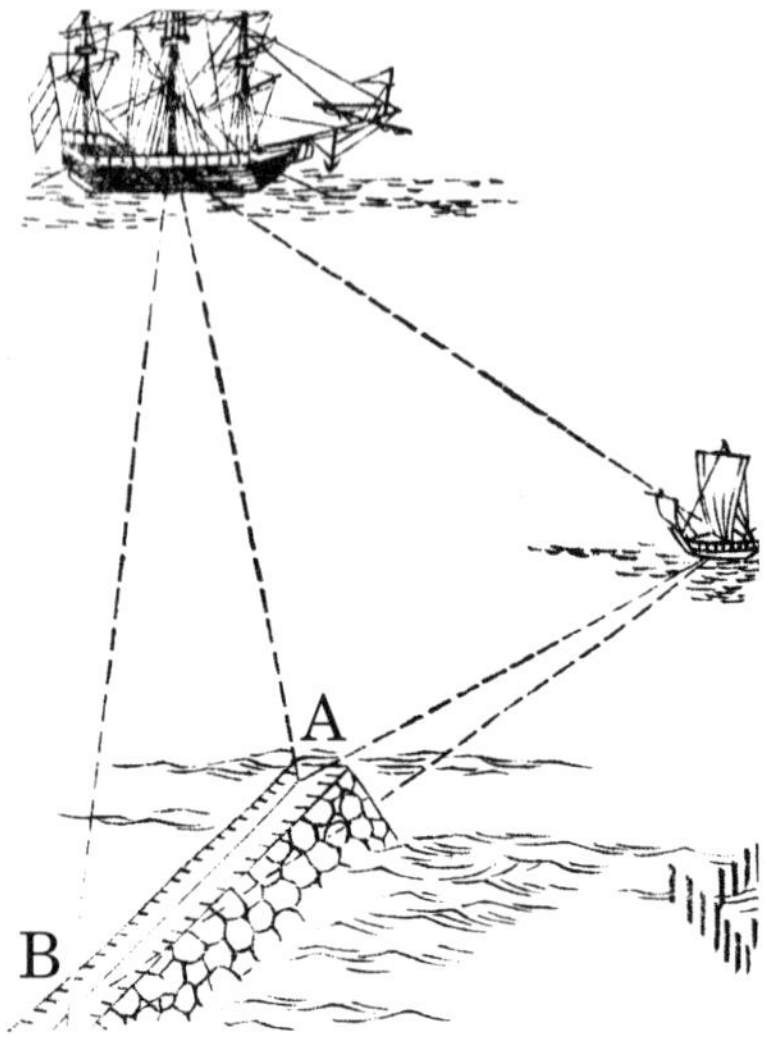

量地儀と磁石で方角を知る

まずは量地儀を、波止場の先端のA地点に設置し、そして筒の穴をのぞいて黒船に照準を合わせる。

このとき量地儀のテーブルにある特殊な磁石の針の示す方角を読む。もし針が「東」を指しているなら、量地儀は東を向いていることになる。つまり、黒船はA地点から「東」の方角にあるとわかる。

逆針盤とはこんな仕組み

この測定のポイントは、針を見ただけで自分の向いている方向がわかる磁石だ。この特殊な磁石つまりコンパスには、逆針盤という名前がついている。

江戸時代の方角の表し方

江戸時代の方角は、「北」が「子《ね》」。そして時計回りに「子《ね》、丑《うし》、寅《とら》、卯《う》、辰《たつ》、巳《み》、午《うま》、未《ひつじ》、申《さる》、酉《とり》、戌《いぬ》、亥《い》」と、三十度きざみに十二支で表した。

南は「午」になる。そこで太陽がちょうど南にくる時間が「正午」である。そして太陽が南にくる前の時間が「午前」、南を過ぎれば「午後」となる。また、地球の南北を結ぶ線を「子午線《しごせん》」という。こんなところに江戸時代の呼び方が残っている。

ところが、逆針盤の文字盤は、北↓東↓南↓西　という順

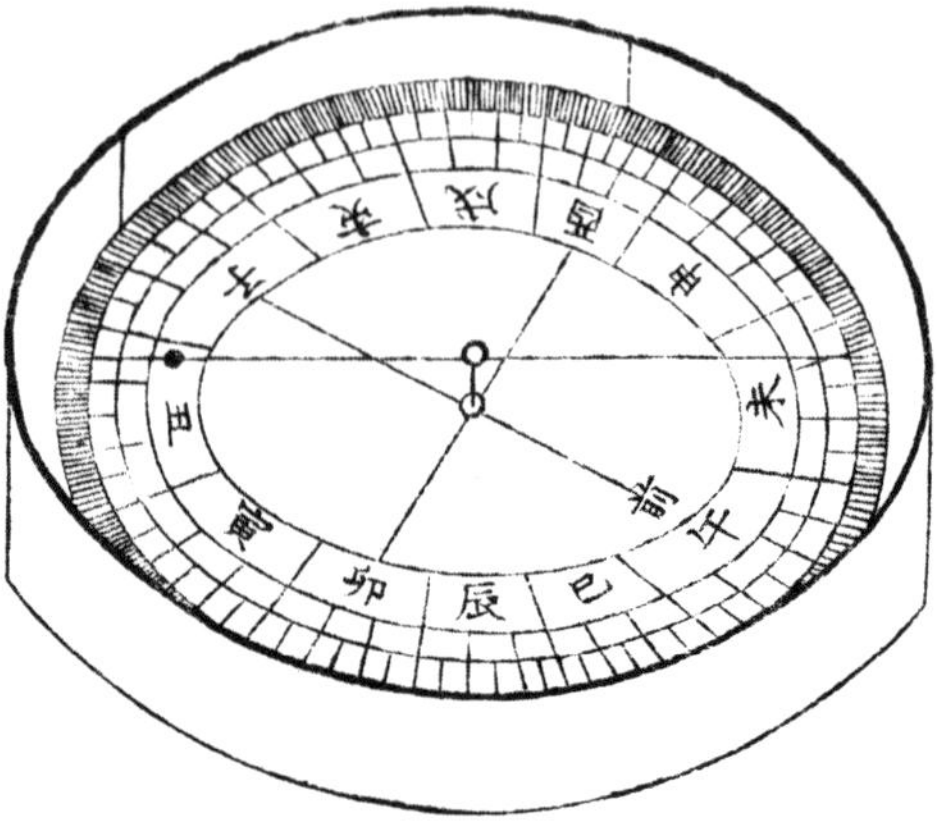

「逆針盤」という名の磁石

番が、逆回転なのだ。つまり「子、丑、寅、卯…」が、反時計まわりに刻印されている。これがポイントだ。

そして、逆針盤の置き方も重要だ。文字盤の「北」つまり「子」の目盛が、量地儀の前方方向になるように置く。こうすると逆針盤の目盛は自分が向いている方角を教えてくれる。

普通の磁石でためしてみたい。自分が北を向き、針と文字盤の「N」の文字を合わせる。そして、自分が右回転して東を向いてみる。そうすると針は「W」の西を指すはずだ。そこでこの「W」の位置に「東」と刻印する。逆回転で文字を書いておき、文字盤の「N」を自分の向く方向にあわせると、磁石の針は自分が向いている方向を教えてくれるようになる。

図面を作って長さを測る

さて、問題となっている黒船までの距離の求め方を説明しよう。

A地点に量地儀を設置し、黒船の方角を逆針盤で調べたあと、小船の方角も測定する。つぎにB地点でも同じようにふたつの船の方角を調べる。

このときA地点からB地点への移動距離を測ることも忘れない。AB間の距離は、水縄《みずなわ》という上等の麻や生糸で作られた測量専用の縄を使って測定すればよい。

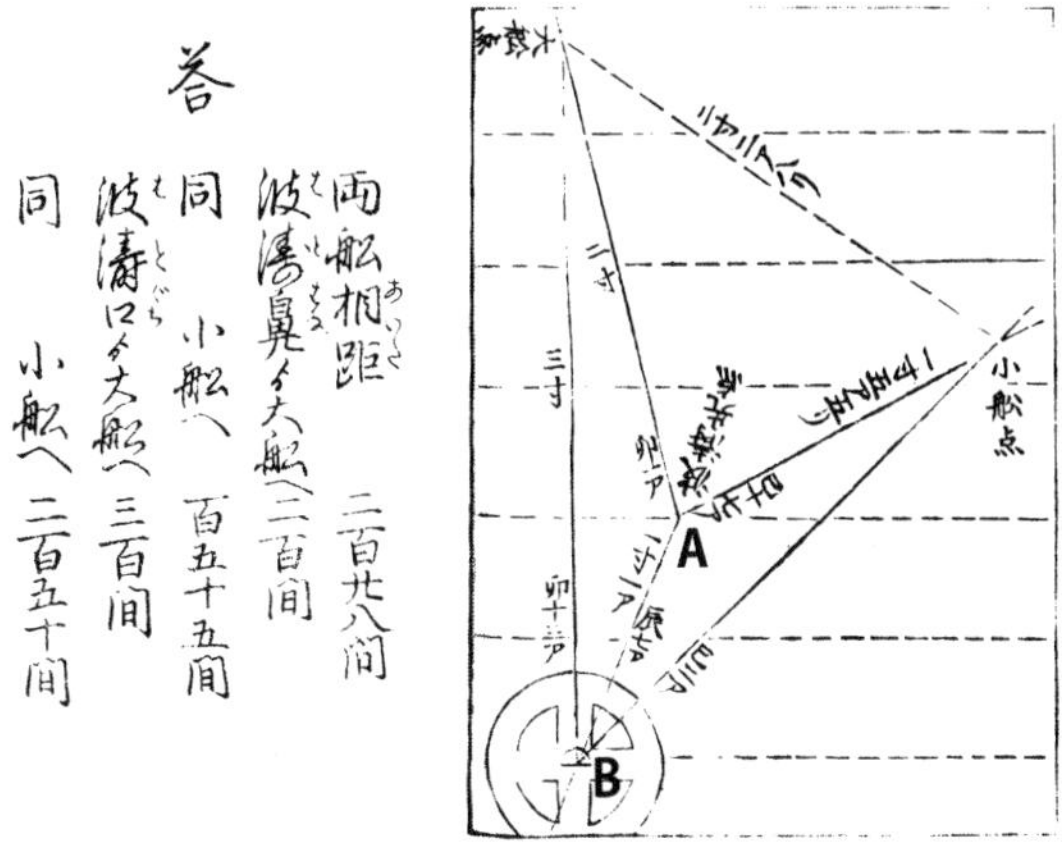

答	両船相距《あいだ》	二百二十八間
	波濤《はと》鼻より大船へ	二百間
	同　　　　　小船へ	百五十五間
	波濤口より大船へ	三百間
	同　　　　　小船へ	二百五十間

こうして得られた方角や距離のデータを使って、できるだけ精密な図面を作成する。黒船、小船、A地点、B地点などを、直線で結び、幾何学的な多角形を図面の上で作っていくのだ。

円形分度器大活躍

この製図のときに活躍したのが、全円規《ぜんえんき》と呼ばれる円形分度器である。真ちゅう製で、持ちやすいように取手のまわりがくり抜かれている。三六〇度きざみの実に精巧な文房具だ。こちらの方角は、順方向の時計まわりに書いてある。全円規を使って方角から得た角度を正確に図面上に再現する。

あとは、できあがった図面の上で、知りたい場所の距離を定規で測る。その長さに図面の縮尺をかけて、現実の距離を求めるのである。図の中で、三寸とか二寸とか書いてあるのは、できあがった図面上で長さを測った結果なのだ。

図で、黒船の位置は大船点、小船の位置は小船点と書かれている。ふたつの船を結んだ直線には、「二寸二分八厘」とある。「寸」より下の単位は例によって十分の一を意味する「分《ぶ》」で、その十分の一が「厘《りん》」だ。尺が約三〇センチだから「一寸」は三センチ、「一分」は三ミリで「一厘」は〇・三ミリとなる。

この例では、「一寸＝百間」という縮尺になっている。そこで、A地点から黒船までが図上で「二寸」だから、実際の距離は「二百間」となる。「一間＝1.8メートル」とすれば、A地点からおよそ三六〇メートル向こうに黒船がある。

要するに、正確な図を書いて、その上で長さを測って実際の距離になおそうというわけだ。

本で示されているその他の結果も、参考までに書いておこう。

答　両船の間　　　：二百二十八間
　　A地点より黒船：二百間
　　A地点より小船：百五十五間
　　B地点より大船：三百間
　　B地点より小船：二百五十間

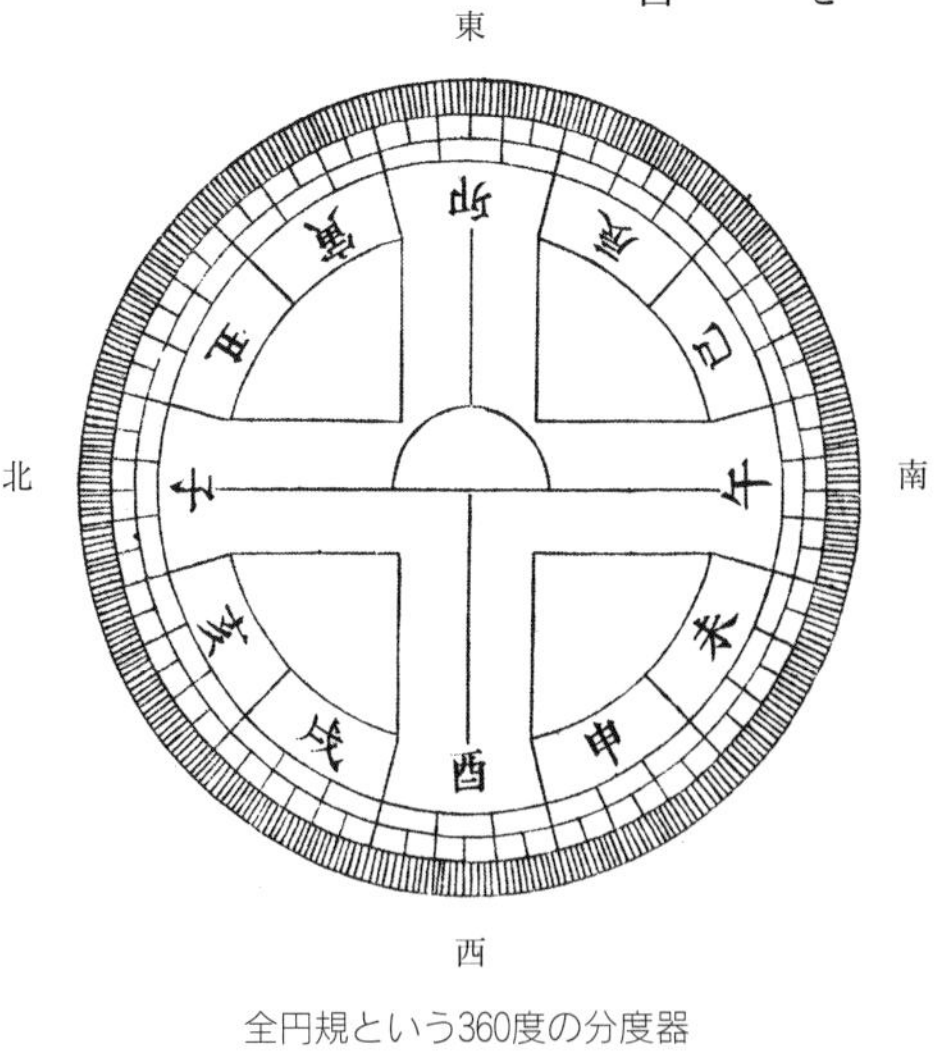

全円規という360度の分度器

経緯儀はすごい

「測量集成」では最後に、経緯儀《けいいぎ》という器械が紹介されている。経緯儀を使えば、上下の角度のほか、左右方向の角度もかなり正確に測定できる。量地儀とちがって、水平回転するわけだ。二十世紀の測量に使われたトランシットと原理的にも、さほどちがわない優れものである。

量地儀が磁石で方角を測るのに対して、経緯儀では測量ポイントの間の角度を測っていく。角度を測って図面をつくっていくわけだ。このとき、角度から距離を出すのに使われたのが、三角関数なのである。

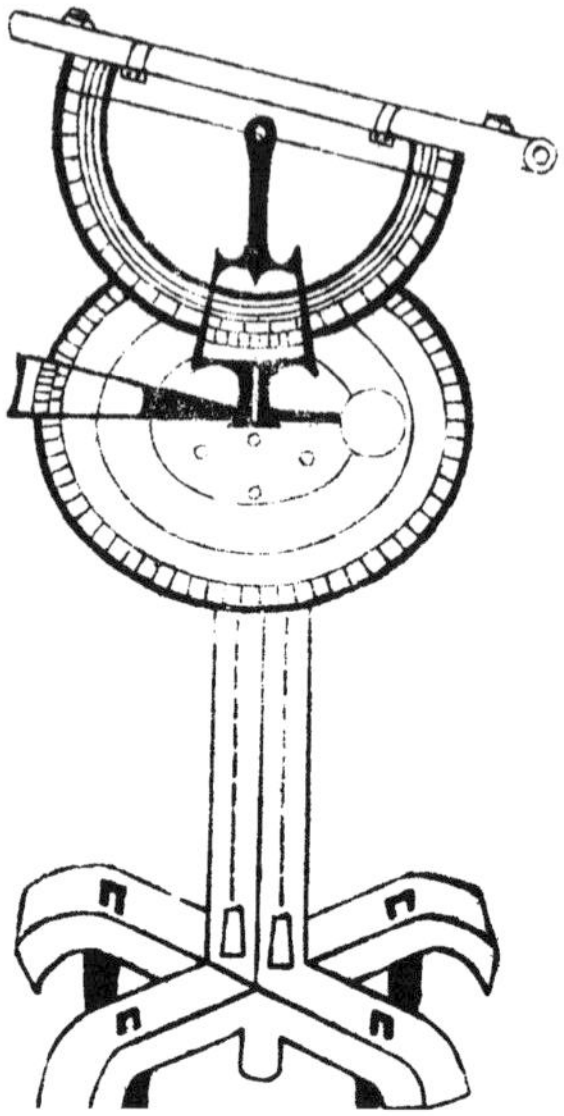
経緯儀とはこんな器械

江戸時代に三角関数があった！

これが「測量集成」に掲載されている正弦表と正接表である。今では「正接」と書くところに「正切」とある。ここでは、ゼロから九十度までの表の冒頭部分を示した。

正弦とは sin のことだし、正接とは tan のことだから、パソコンで計算して比べてみた。理軒の表では、小数点は省略され、小数点以下七桁の数字が示されている。パソコンの計算結果と比べてみると、なんと見事にすべての数字がピタリと一致した。

現代の本によくある三角関数表は、たいていは小数点以下四桁だ。多くても五桁までだから、小数点以下七桁とは、実に立派な表なのだ。

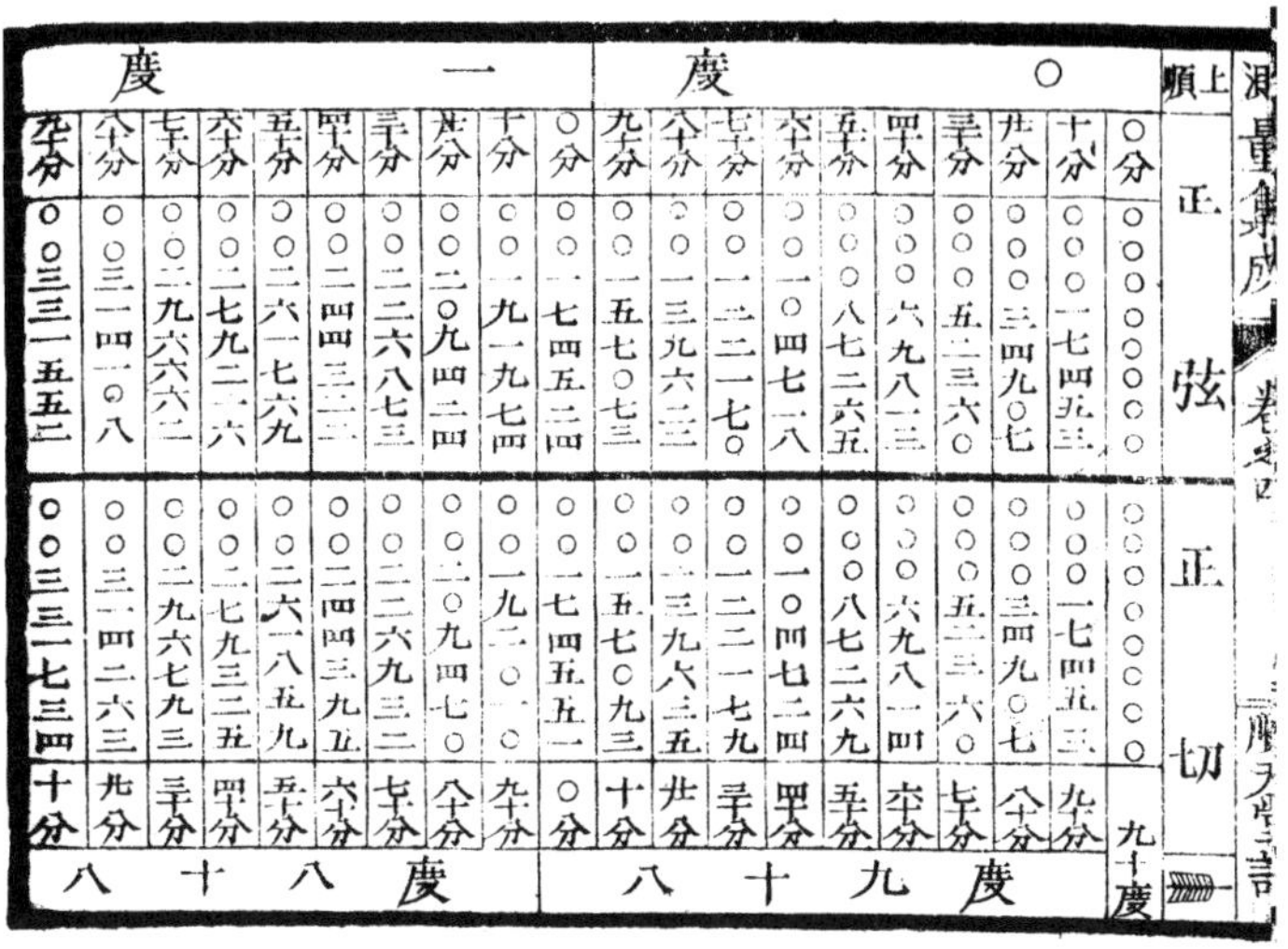

上順	正弦	正切	下
○度 ○分	○○○○○○○○	○○○○○○○○	九十度
十分	○○○一七四五三	○○○一七四五三	九十分
廿分	○○○三四九○七	○○○三四九○七	八十分
三十分	○○○五二三六○	○○○五二三六○	七十分
四十分	○○○六九八一三	○○○六九八一四	六十分
五十分	○○○八七二六五	○○○八七二六九	五十分
六十分	○○一○四七一八	○○一○四七二四	四十分
七十分	○○一二二一七○	○○一二二一七九	三十分
八十分	○○一三九六二二	○○一三九六三五	廿分
九十分	○○一五七○七三	○○一五七○九三	十分
一度 ○分	○○一七四五二四	○○一七四五五一	八十九度 ○分
十分	○○一九一九七四	○○一九二○一○	九十分
廿分	○○二○九四二四	○○二○九四七○	八十分
三十分	○○二二六八七三	○○二二六九三二	七十分
四十分	○○二四四三二二	○○二四四三九五	六十分
五十分	○○二六一七六九	○○二六一八五九	五十分
六十分	○○二七九二一六	○○二七九三二五	四十分
七十分	○○二九六六六二	○○二九六七九三	三十分
八十分	○○三一四一○八	○○三一四二六三	廿分
九十分	○○三三一五五二	○○三三一七三四	十分 (八十八度)

度	正弦(sin)	正接(tan)
0.0	0. 0000000	0. 0000000
0.1	0. 0017453	0. 0017453
0.2	0. 0034907	0. 0034907
0.3	0. 0052360	0. 0052360
0.4	0. 0069813	0. 0069814
0.5	0. 0087265	0. 0087269
0.6	0. 0104718	0. 0104724
0.7	0. 0122170	0. 0122179
0.8	0. 0139622	0. 0139635
0.9	0. 0157073	0. 0157093
1.0	0. 0174524	0. 0174551
1.1	0. 0191974	0. 0192010
1.2	0. 0209424	0. 0209470
1.3	0. 0226873	0. 0226932
1.4	0. 0244322	0. 0244395
1.5	0. 0261769	0. 0261859
1.6	0. 0279216	0. 0279325
1.7	0. 0296662	0. 0296793
1.8	0. 0314108	0. 0314263
1.9	0. 0331552	0. 0331734

理軒が作った数表（上）とパソコンの検証結果

理軒の数表の見方は、たとえばsin(1.5°)なら、表の「一度」「五十分」のところを見ればよい。「〇〇二六一七六九」なので、「0.0261769」である。

理軒は「度」より小さな単位を「1度＝60分」でなく、「1度＝100分」にしている。これは当時としてもユニークな方法だ。こうしておけば、たとえば「1.5度」というときは、素直に「1度50分」のところを見ればよい。もし普通のように六十分法の「分」を使った表だと、「1.5度」なら「0.5度＝30分」となおして、「1度30分」の数値を、表から引く手間が必要となる。

高さを角度で計算する

> 【問　木の高さ】　杉の木まで七十間ある。経緯儀で杉の先端までの角度を測ると、十二度五十分だった。杉の木の高さを求めよ。ただし、単位は間とし、tanの数表を利用し、小数点以下四桁で答えなさい。

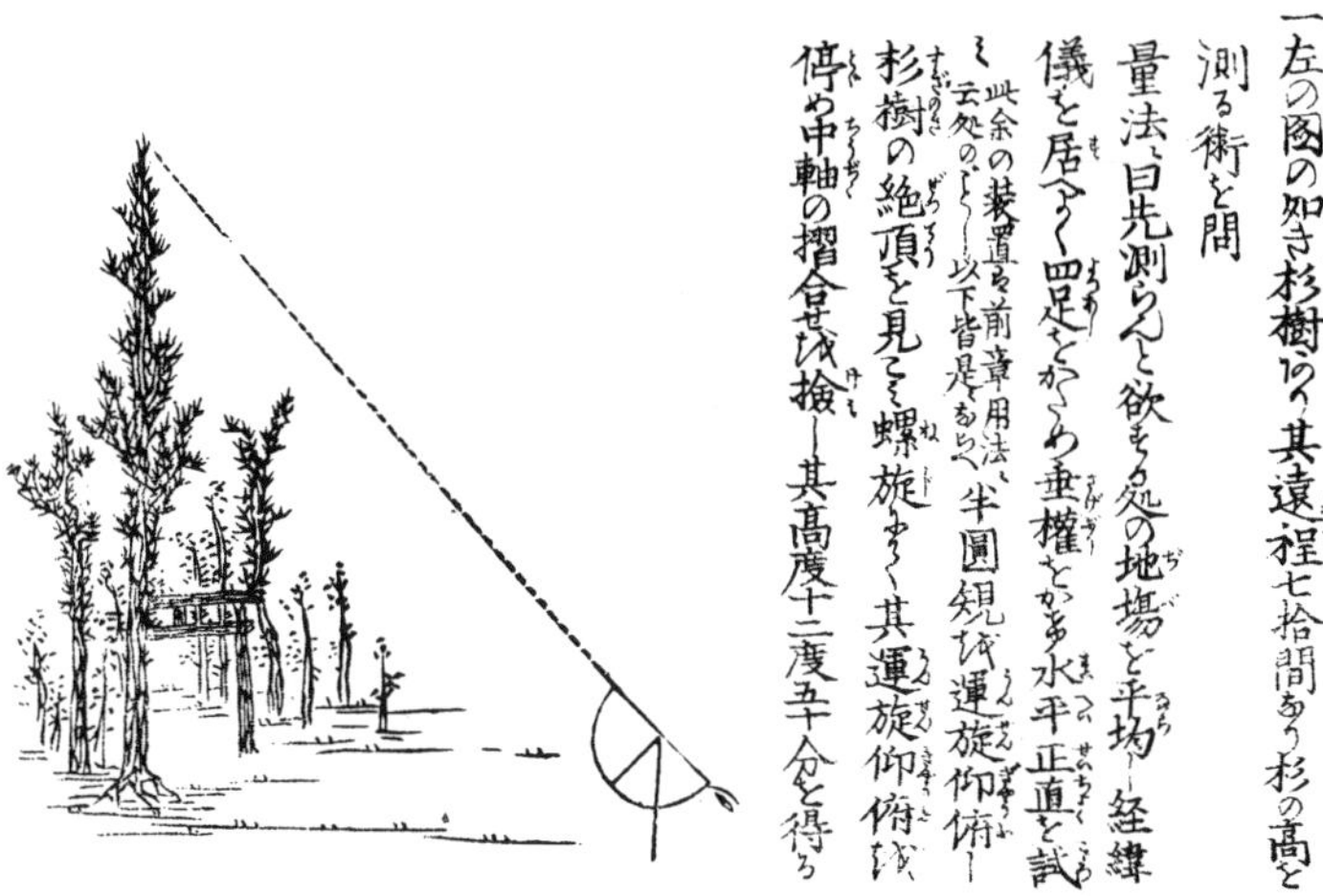

一　左の図の如《ごと》き　杉樹《すぎのき》あり　其遠《そのとおさ》程七拾間なり　杉の高《たかさ》を測る術を問《とう》
量法に曰　先測《まずはか》らんと欲する処《ところ》の地場《じば》を平均《なら》し　経緯儀を居《す》へ　よく四
足をかため　垂権《さげぶり》をかけ　水平正直《すいへいせいちょく》を試《こころ》み　此余《このよ》の装置は前章用法に云《いう》
処《ところ》のごとし　以下皆是《これ》にならへ　半円規《はんえんき》を運旋仰俯《うんせんぎょうふ》し　杉樹《すぎのき》の絶頂《ぜっちょう》を見
こみ　螺旋《ねじ》にて其運旋仰《そのうんせんぎょうふ》　俯を停《とど》め　中　軸《ちゅうじく》の摺《すり》合せを検《けみ》し　其《その》高度十二
度五十分を得《う》る

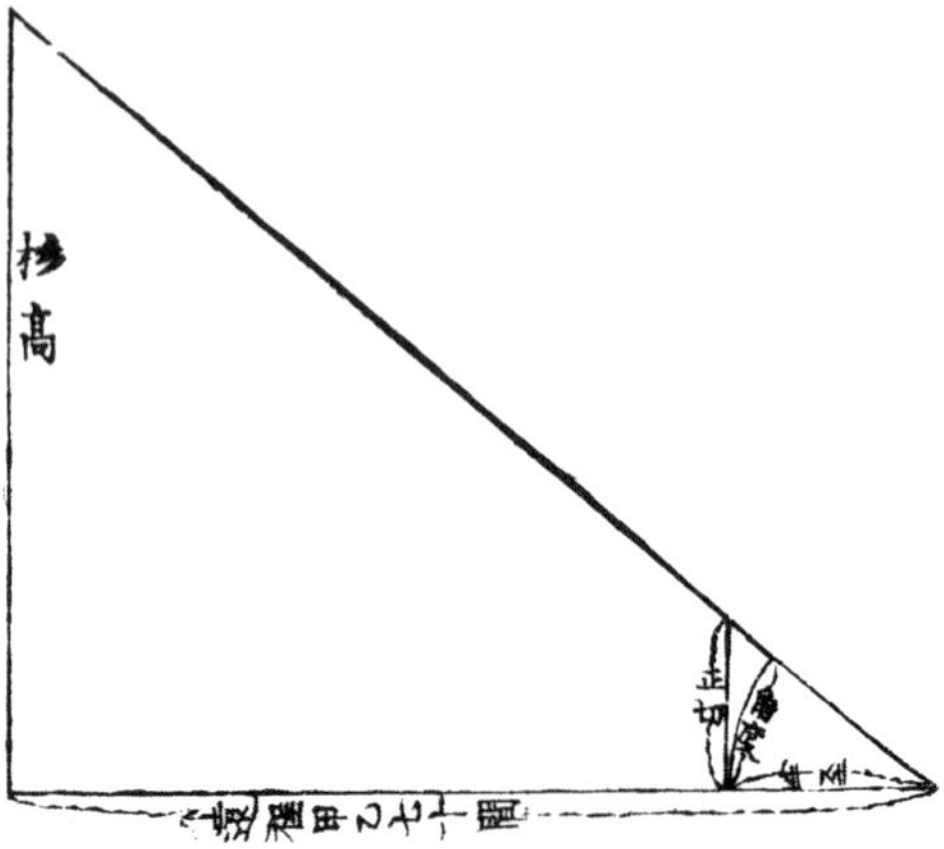

杉の高さを求める図解

高校数学の教科書に出てきそうな問題である。ただし今の教科書なら、観測者の目線の高さまでの長さを計算結果に加えて木の高さを出す。しかしこの問題では、無視しておおらかに解答している。

今、経緯儀で木の一番高いところに照準を合わせると、角度が一二度五〇分である。これは理軒式の「分」なので「12.50度」ということだ。直角三角形の「高さ」÷「底辺」がtanだから、「杉の高さ」÷「杉までの距離」がtan(12.50)というわけだ。

$$\tan(12.50) = \frac{「杉の高さ」}{「杉までの距離」}$$

そこで

$$「杉の高さ」 = \tan(12.50) \times 「杉までの距離」$$
$$= \tan(12.50) \times 70間$$

「測量集成」の数表で、tanつまり正切（接）の十二度五十分の値を調べると、「○二二一六九四七」なので

tan (12. 50) = 0. 2216947

代入して、

「木の高さ」= 0. 2216947 × 70 間

= 15. 518629 間

小数点以下四桁にすれば、「拾五間五一八六」が答となる。

上順	十二度									
	○分	十分	廿分	卅分	四十分	五十分	六十分	七十分	八十分	九十分
正弦	○二○七九一一七	○二○九六一八六	○二一一三二四八	○二一三○三○四	○二一四七三五三	○二一六四三九六	○二一八一四三三	○二一九八四六二	○二二一五四八五	○二二三二五○一
正切	○二一二五五六五	○二一四三八一四	○二一六二○七七	○二一八○三五三	○二一九八六四二	○二二一六九四七	○二二三五二六五	○二二五三五九七	○二二七一九四四	○二二九○三○六

理軒の三角関数表の sin と tan（抜粋）

第五章　日本初の西洋数学書

二冊の西洋数学書

安政四年（一八五七）、日本で初めての西洋数学書が、同時に二冊出版された。ひとつは、オランダ人から教えてもらった西洋数学をまとめた本。そしてもうひとつは、中国に伝わった西洋数学をもとにした本である。

オランダ人伝授のほうは、「洋算用法《ようざんようほう》」というタイトルで、その年の秋に出版された。作者は、柳河《やながわ》春三《しゅんさん》（一八三二―一八七〇）という満二十五歳の青年であった。

柳河は名古屋で生まれ、幼い頃から天才として頭角を現した。当時の有力者、紀州藩水野《みずの》忠央《ただなか》（一八一四―一八六五）のサポートのもと、その本を出版した。

一方、中国経由の西洋数学の本は、「洋算用法」よりも少し早く、同じ年の春に出版された。「西算速知」というその本を書いたのが、ほかならぬ、私たちの主人公福田理軒なのである。

このとき理軒は満四十二歳。「測量集成」を前年に出版し、ちょっとしたセンセーションを巻き起こした。まさに脂が乗っていた時期であろう。

「洋算用法」と「西算速知」の数学的内容は、そうむずかしいものではない。中心は「筆算」である。

江戸時代の加減乗除は、みんなそろばんでやった。そこで、そろばんを使わず計算できる「筆算」が、西洋数学の象徴的存在だったのである。

ヨーロッパでひろめた男

私たちがふだん使っている数字は、アラビア数字と呼ばれる。ところがその起源は、アラビアではなくインドである。アラビア商人がその位取りの便利さに惚れ込んで世界にひろめたからその名前がある。だから「数字」は、ヨーロッパ人にとっても外国伝来の文字だった。しかも、キリスト教からみれば、異教徒が伝えた文字であった。

インドで誕生したアラビア数字が、アラビアに伝わったのは八世紀頃とされる。そして、その数字のヨーロッパでの普及に大きく貢献したのは、イタリアのレオナルド・ピサノ（Leonardo Pisano　一一七〇頃―一二四〇以降）という人物とされる。その名の通りイタリアのピサ出身である。彼は、フィボナッチという愛称のほうでよく知られる。

【問　数字をあてよう！】

空欄に入る数字を答えなさい。

1　2　3　5　8　13　21　34　?

パズルでもありそうな数列の問題である。法則としては、1と2をたすと3、2と3をたすと5という具合に、二つの数をたすとつぎの数になる。そこで直前の二つの数、21と34をたせばよい。答えは55である。このよう数列をフィボナッチ数列という。

フィボナッチは商人だった。地中海沿岸で活動するかたわら、アフリカ北部にあったアラビア人の植民地でインド数学を勉強した。そしてイタリアの故郷ピサの町に帰ってから、一二〇二年に書いたのが「Liber Abaci」という本である。「計算の書」と訳せるこの本によって、アラビア数字とその計算法がヨーロッパに広まった。

それはイタリアから始まった

アラビア数字は、イタリアで真っ先に普及した。だからイタリアで科学のルネッサンスがいち早く開

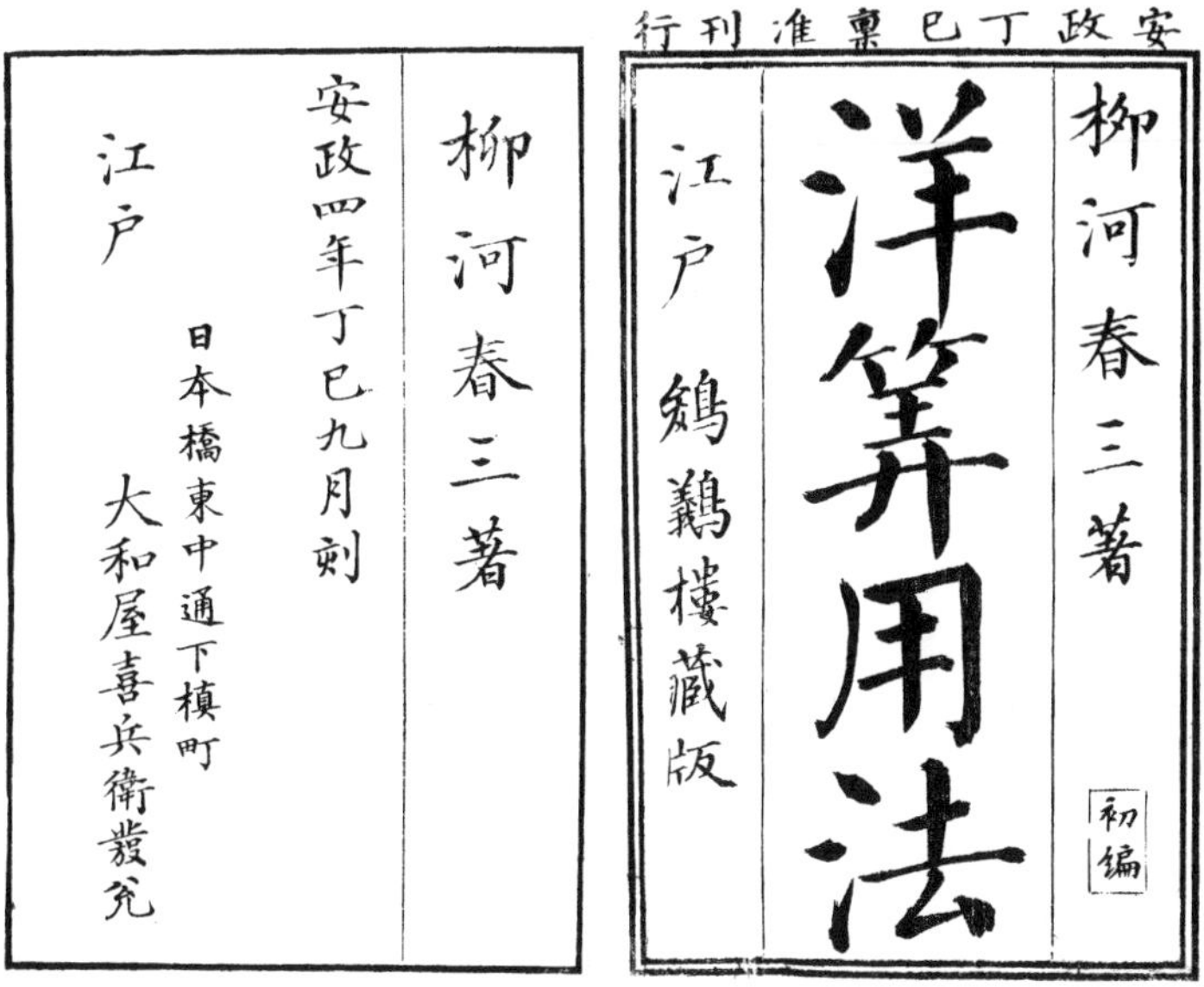

安政丁巳稟准刊行

柳河春三著
洋算用法 初編
江戸 鵔鸃樓藏版

柳河春三著
安政四年丁巳九月刻
江戸 日本橋東中通下槙町
大和屋喜兵衛發兌

「洋算用法」の扉と奥付

花したのかもしれない。モナリザで有名なレオナルド・ダ・ビンチ（Leonardo da Vinci 一四五二―一五一九）も、アラビア数字の筆算を利用していた。そういえば、ガリレオ・ガリレイ（Galileo Galilei 一五六四―一六四二）もピサの町の出身である。

ところがアラビア数字には、何度も使用禁止令が出る。やはりキリスト教社会にとっては、抵抗があったわけだ。しかしたび重なる禁止令にもかかわらず、アラビア数字はヨーロッパに広がっていく。位取りや筆算の便利さには勝てなかったわけである。

そして、いろいろなバリエーションができつつあった数字の書体も、十五世紀のグーテンベルグの印刷機の普及で統一化が進む。

一四七八年の世界初の活版印刷数学書「トレヴィーゾ算術書（Treviso Arithmetic）」以来、数多くの数学書が印刷され、それらの本の活字書体が標準となっていったのである。

このようにインドからアラビア、そしてヨーロッパに伝わったアラビア数字は、オランダを経由して日本にたどり着いた。

「洋算用法」のアラビア数字

柳河がオランダ人から直接教えてもらったというアラビア数字は、つぎのように「洋算用法」で紹介される。

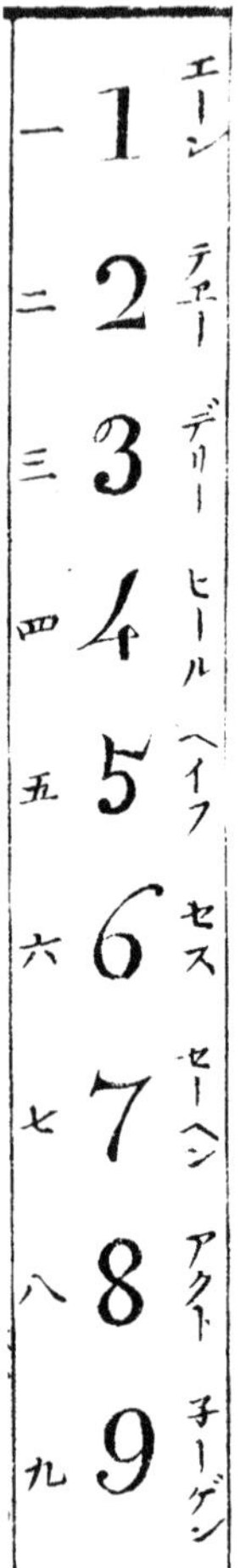

「洋算用法」のアラビア数字

アラビア数字の右側にあるフリガナは、オランダ語での読み方である。ローマ字を自分の本に載せただけで、キリシタンの疑いがかけられたという江戸時代にあって、柳河がアラビア数字の本を堂々と出版できたのは、南紀派の重鎮水野忠央がバックにいたからかもしれない。

アラビア数字のたし算

【問　たし算の筆算】十二と二十四の合計を求めなさい。ただし、アラビア数字で計算式を書き、筆算ですること。

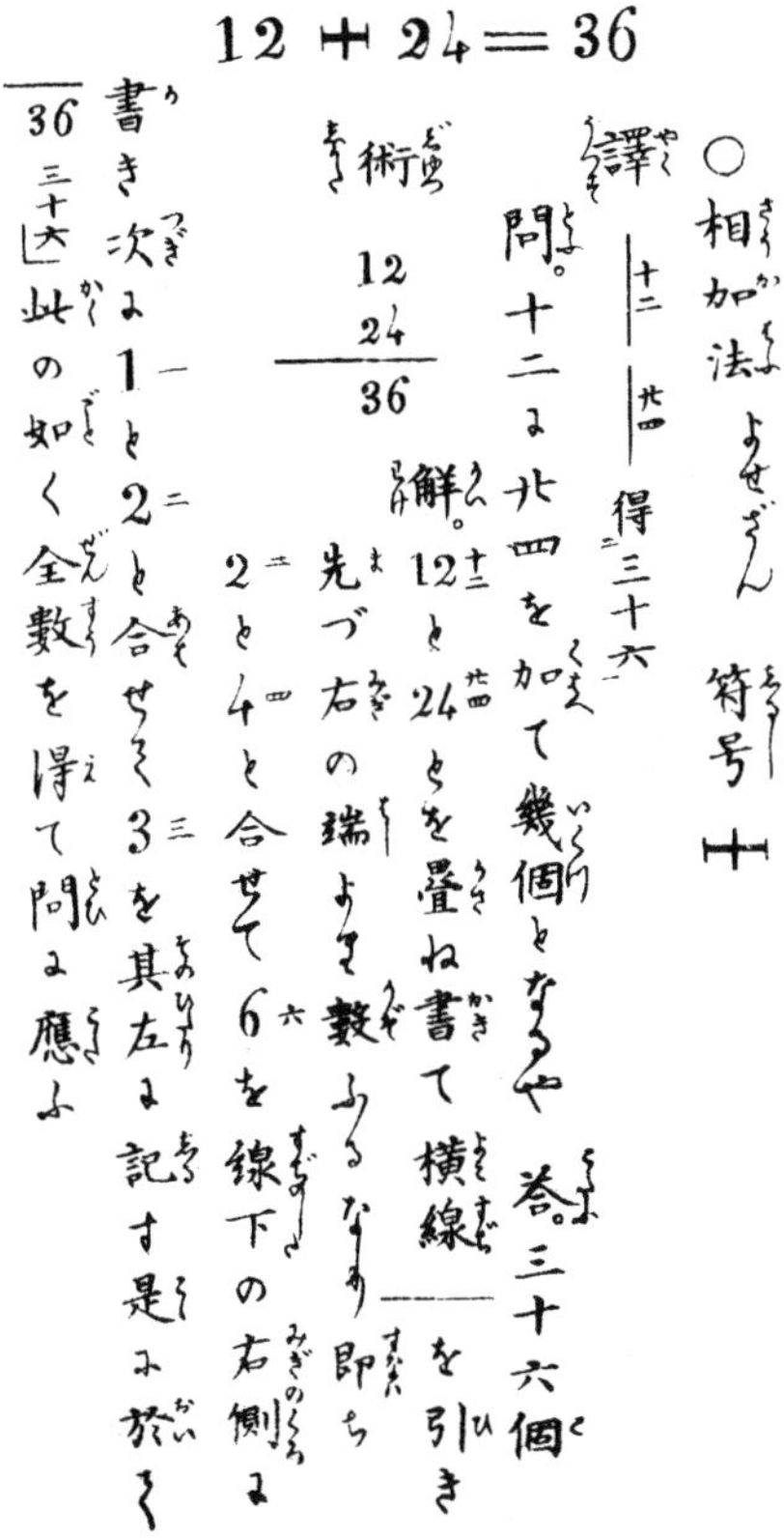
12 ＋ 24 ＝ 36
○相加法 よせざん　符号 ＋
譯 十二 廿四 得 三十六
問。十二に廿四を加て幾個となるや　答。三十六個
術
12
24
36
解。12と24とを畳ね書て横線——を引き先づ右の端より數ふるなり即ち2と4と合せて6を線下の右側に書き次に1と2と合せて3を其左に記す是に於て 36 三十六 此の如く全數を得て問に應ふ

○相加法《そうかほう》　よせざん　符号《しるし》＋
訳（図にある和算式参照）
術（図にある和算式参照）
問。十二に廿《にじゅう》四を加《くわえ》て　幾個《いくつ》となるや
答。三十六個
解。12と24とを畳《かさ》ね書《かき》て　横線《よこすじ》——を引き先《ま》づ右の端《はし》より数《かぞ》ふるなり　即《すなわ》ち　2と4と合せて6を線下《すじのした》の右側に書き　次に　1と2と合せて3を其《その》左に記《しる》す　是《ここ》に於《おい》て$\overline{36}$　三十六」　此《かく》の如《ごと》く全数《ぜんすう》を得《え》て　問に応《こた》ふ

図の中央上にみえるように、12と24を縦に書いて横線を引き、右の端から合計する。2と4の合計6を線の右下に書き、1と2の合計3をその左に書く。こうして合計が36だとわかると解説している。

今では小学生でもできる計算だ。しかし、アラビア数字自体がまったく知られていない時代である。数字だけでなく、それを使った筆算の紹介は画期的なことだった。

九九の表の登場だ

「洋算用法」では、たし算のあと、引算、かけ算、割算と、筆算のやり方の説明が進んでいく。かけ算では、「九九合数表《くくごうすうひょう》」という名前で「九九の表」が登場する。この表は、オランダ人が持っていたものを書き写したと柳河はいう。

この「九九の表」で不思議なのが、各マスごとに入っている右上から左下への斜線である。目障りなだけで、なくてもよいように思える。

柳河も不要と思ったのだろう。一の段から一万の段までの拡張「九九の表」を「広《こう》九九表」と名付けて、つぎのページから紹介するときには、この斜線を省略している。「広九九表」の最初の部分だけを示しておこう。斜線は省略され、漢数字で書かれているのがわかる。

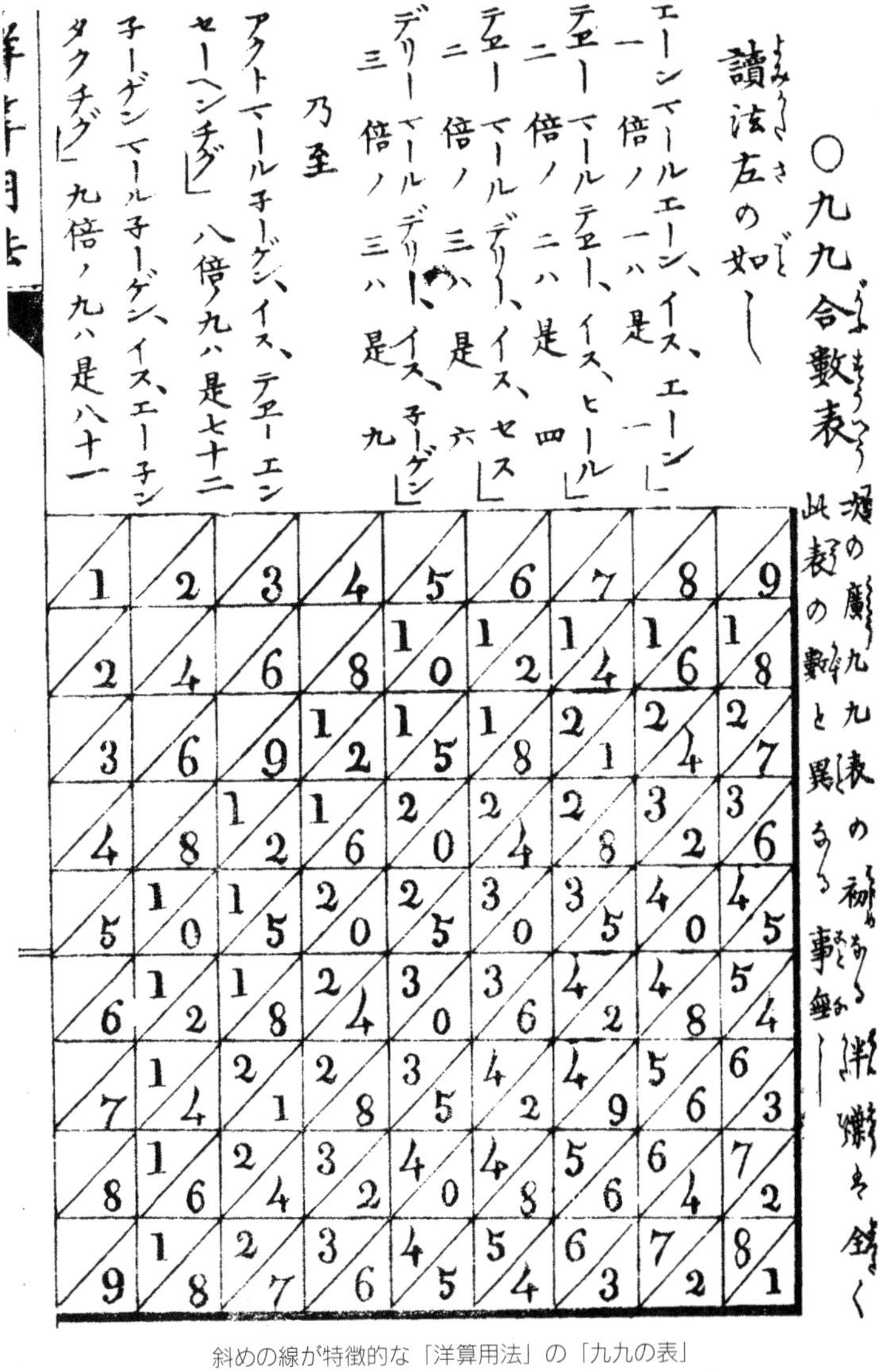

○九九合數表

讀法左の如し

エーンマールエーン、イス、エーン」
一倍ノ一ハ是一

テヱーマールテヱー、イス、ヒール」
二倍ノ二ハ是四

テヱーマールデリー、イス、セス」
二倍ノ三ハ是六

デリーマールデリーに、イス、子ーゲン」
三倍ノ三ハ是九

乃至

アクトマール子ーゲン、イス、テヱーエンセーヘンチグ」八倍ノ九ハ是七十二

子ーゲンマール子ーゲン、イス、エー子ンタクチグ」九倍ノ九ハ是八十一

1	2	3	4	5	6	7	8	9
2	4	6	8	10	12	14	16	18
3	6	9	12	15	18	21	24	27
4	8	12	16	20	24	28	32	36
5	10	15	20	25	30	35	40	45
6	12	18	24	30	36	42	48	54
7	14	21	28	35	42	49	56	63
8	16	24	32	40	48	56	64	72
9	18	27	36	45	54	63	72	81

次の廣九九表の初なる[illegible]を鋪く
此表の數と異なる事無し

斜めの線が特徴的な「洋算用法」の「九九の表」
（つぎの広九九表の最初の部分はこの表と同じとの解説である）

洋算用法　十

○廣九九表《くわうくくへう》

原稿《げんかう》。一より一萬までを具《そな》ふといへども今《いま》剞劂の工を省《はぶ》くが為に略《りやく》して百分之一《ぶんの》を記《しるす》

基數《きすう》	二倍《ばい》	三倍	四倍	五倍	六倍	七倍	八倍	九倍
一	二	三	四	五	六	七	八	九
二	四	六	八	十〇	十二	十四	十六	十八
三	六	九	十二	十五	十八	廿一	廿四	廿七
四	八	十二	十六	廿〇	廿四	廿八	三十二	三十六
五	十〇	十五	廿〇	廿五	三十〇	三十五	四十〇	四十五
六	十二	十八	廿四	三十〇	三十六	四十二	四十八	五十四
七	十四	廿一	廿八	三十五	四十二	四十九	五十六	六十三
八	十六	廿四	三十二	四十〇	四十八	五十六	六十四	七十二
九	十八	廿七	三十六	四十五	五十四	六十三	七十二	八十一

「洋算用法」の「広九九表」の冒頭
（原稿では一万まで書いたけれど、ここではその百分の一を掲載するとある）

九九はいつから?

「九九」は、秦の始皇帝による中国の国家統一以前から存在したともいわれている。考えてみれば、かけ算の誕生と同時に、早見表ができたとしても不思議ではない。楽に、正確に、計算しようと思えば、誰でも思いつくことだ。

では、中国最古の数学書「九章算術」に、「九九」は載っているのだろうかと開いてみた。ところがこの本は、ピタゴラスの定理も載っているぐらい内容が高度である。そこで「九九」のような基礎計算は、この本の読者には当たり前とされたのか掲載がない。

「九九」は古くは、西暦400年頃に作られた「孫子算経《そんしさんけい》」という本に出てくる。ところがこの本の「九九」は、表というより問題がつぎからつぎへと並んでいる本文の記述という感じなのだ。

たとえば「八九」では、「八九七十二　自相乗得五千一百八十四　八人分之人得六百四十八」と書いてある。「8と9をかけたら72、72を2乗したら5184、最初の8で割れば648」ということだ。かけ算、その答えの二乗、その答えの割算という順での一種のトレーニングだ。最初のかけ算の部分だけを順番に見ていけば、「九九」とも取れる。

この「おまけ付きの九九」は、敦煌《とんこう》の洞窟にあった文書にも残されているので、当時の定番だったのかもしれない。

九九は八十一から始まった？

「孫子算経」の九九では、かけ算の出現順がおもしろい。「九九八十一」「八九七十二」「七九六十三」と進んで「一九如九」までくると、つぎに「八八六十四」「七八五十六」「六八四十八」…となっている。九の段から始まるし、その進行順もちょっとかわっている。

「九九」「八八」「七七」など、同じ数のゾロ目がそれぞれの段の最初で、かけ合わせる「前」方の数字が順に小さくなっていく。そして、「前」の数字が「一」まできたら、つぎのゾロ目になる。かけあわせるふたつの数字は、ゾロ目か「前」のほうがいつも小さい。「六九」はあっても「九六」がない。

源為憲《みなもとのためのり》（?―一〇一一）が、天禄元年（九七〇）に子ども用の教科書として書いた「口遊《くちずさみ》」。この本の中に、日本最古の「九九」が載っている。実はこの「九九」の順が、この「孫子算経」式なのである。「口遊」の「九九」を書き出しておこう。

九九八十一　八九七十二　七九六十三　六九五十四　五九四十五　四九三十六　三九二十七　二九十八　一九九
八八六十四　七八五十六　六八四十八　五八四十　四八三十二　三八二十四　二八十六　一八八
七七四十九　六七四十二　五七三十五　四七二十八　三七二十一　二七十四　一七七
六六三十六　五六三十　四六二十四　三六十八　二六十二　一六六
五五二十五　四五二十　三五十五　二五十　一五五
四四十六　三四十二　二四八　一四四
三三九　二三六　一三三
二二四　一二二
一一一

「口遊」にある日本最古の九九

いつから逆転九九の順

「九九」は、西暦400年頃の「孫子算経」の時代は「九九八十一」から始まっていた。だから「九九」と呼んだ。ところが時代が下り、一二九九年の「算学啓蒙」、一五九二年の「算法統宗」の頃になると、「一一」の段から順の「九九」に逆転しているのだ。ただし、かけ合わせるふたつの数字は、「前」が小さい形式のままである。つまり、こんな感じで進んでいく。

「一一如一、一二如二、二二如四、一三如三、二三如六、三三如九、一四如四…」

中国語だから、文中の「如」が日本語で「が」になったとわかる。ところが、「一一が一」「一二が二」のつぎが「二二が四」なのが、どうも納得できない。「一一が一」「一二が二」とくれば、やっぱり「一三が三」といいたくなる。

「前」の数字が順に大きくなり、ゾロ目まできたらつぎの段という法則なのだ。「孫子算経」や「口遊」の「九九」を逆から順に並べただけである。

毛利重能が日本に持ち帰った本が「算法統宗」だった。その頃のかけ算の「九九」はまだこんな形だったわけである。そして「算法統宗」は「割算の九九」も日本に伝えた。

割算の九九があった？

「えっ、割算の九九があったの？」

「割声《わりごえ》といいましてな、そろばんをやる人は必ず覚えますなあ」

毛利重能が「割算天下一」となれたのは、実はこの「割算の九九」のおかげだったのである。そして「割算の九九」のほうでは、あわせる二つの数字は「大小」の順に並んでいたのだ。つまり「五八」は「かけ算の九九」、「八五」は「割算の九九」に割当られていたのである。

今では、「五八」も「八五」も「四十」である。ところが当時は、「八五」は「六十二」であった。この「八五六十二」は、「八で五を割ると六あまり二」という意味である。これを覚えて「六と二」という答えをそろばんに置く。

当時の誰もが知っていた有名な割声は、「二《に》一《いち》添作《てんさくの》五《ご》」というものだ。これは、「二で一を割ると五が立つ」という意味だ。「二一添作」は「二一天作」とも書き、そろばんの代名詞ともなった。

ちょっと気になる割算の九九、「算法統宗」に記載のものを書き出しておこう。

九帰歌　呼大数在上小数在下
（一帰）不須帰　一者原数不必帰也　其法故不立
（二帰）二一添作五、逢二進一十
（三帰）三一三十一、三二六十二、逢三進一十
（四帰）四一二十二、四二添作五、四三七十二、逢四進一十
（五帰）五一倍作二、五二倍作四、五三倍作六、五四倍作八、逢五進一十
（六帰）六一下加四、六二三十二、六三添作五、六四六十四、六五八十二、逢六進一十
（七帰）七一下加三、七二下加六、七三四十二、七四五十五、七五七十一、七六八十四、逢七進一十
（八帰）八一下加二、八二下加四、八三下加六、八四添作五、八五六十二、八六七十四、八七八十六、逢八進一十
（九帰）九帰随身下、逢九進一十

「算法統宗」にある「割算の九九」

今の九九はいつできた？

では私たちのよく知る順番の「九九」が世の中に広まったのはいつからだろう。それは江戸時代のベストセラー「塵劫記」の影響が大きかったと思われる。この本の「九九」は、つぎのようだった。

「二二が四　二三が六　二四が八　二五十　二六十二　二七十四　二八十六　二九十八　…」

「前」のほうが一定で「後」が大きくなっていく形式である。ところが注意が必要だ。「前」はつねに小さい。やっぱり割算の九九とは棲み分けていたのである。たとえば七の段なら、「七七四十九　七八

五十六　七九六十三」と、ゾロ目の「七七」から始まり「後」が九までの三つしかなかった。
　そこで「八五」のかけ算を知りたいときは、逆の「五八四十」を思い出す必要があった。

「八五」は割算であり、「八五六十二」だ。

　ところが、西洋数学の乗法の交換法則からすれば、「五八」も「八五」も同じ「四十」でなければならない。学校で教えるのにややこしいし、生徒が混乱する。「どうせ割算の九九は、そろばんにしか使わない」と、数学の先生たちは考えた。

　そこで日本では大正十四年（一九二五）度に、小学校二年生の算数教科書にあたる尋常科第二学年用算術書が改訂され、現在のような「五八四十」も「八五四十」もある「総九九」が学校教育で採用された。「割算の九九」のためのリザーブ領域が、「かけ算の九九」に侵略されたのである。この改訂で「割算の九九」は成立しなくなった。そろばんの先生たちはずいぶんと困ったという。結局、そろばんの割算は、「かけ算の九九をベースにした方式」へとかわっていった。


「ええっと、八五六十二…」

「あほやな、お父ちゃん、八五は四十や」


　「一一が《いんいちが》一《いち》」から「九九《くく》八十一《はちじゅういち》」まで、八十一個のかけ算がある現代の日本の「九九」は、こうして成立した。

「九九」は、日本人にとって、単なる答えを調べる数表ではなかった。「九九」はみんなで合唱して、かけ算を覚えるための「歌」だった。そんな優れた教材があったからこそ、計算に強い日本人が生まれた。

江戸時代、理軒の順天堂塾の子どもたちも、「二二が四」「二三が六」…。「二一添作の五」と毎日、お経のように唱えていたことだろう。

「西算速知」を見てみよう

さていよいよ、理軒の「西算速知」を紹介しよう。インド式の筆算は、アラビア、ヨーロッパ、中国を経て日本の理軒のもとに伝わったのだ。理軒は、中国経由で西洋数字を輸入し、日本で最初に筆算をひろめた男になったのである。

さっそく、「西算速知」にあるたし算の問題からやってみる。

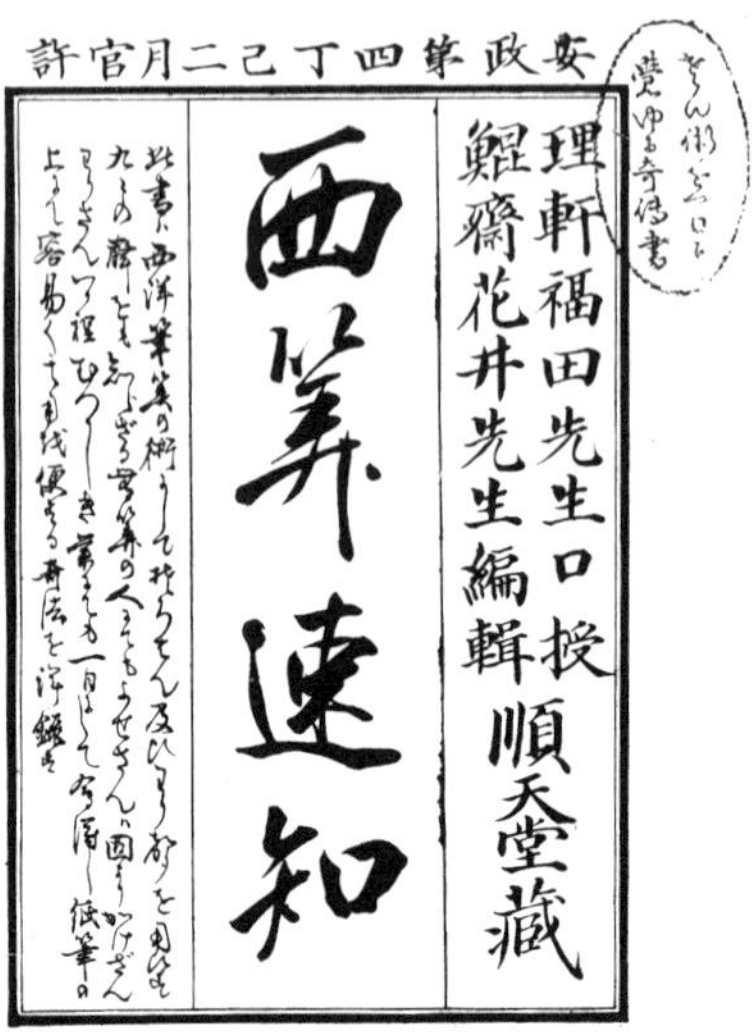

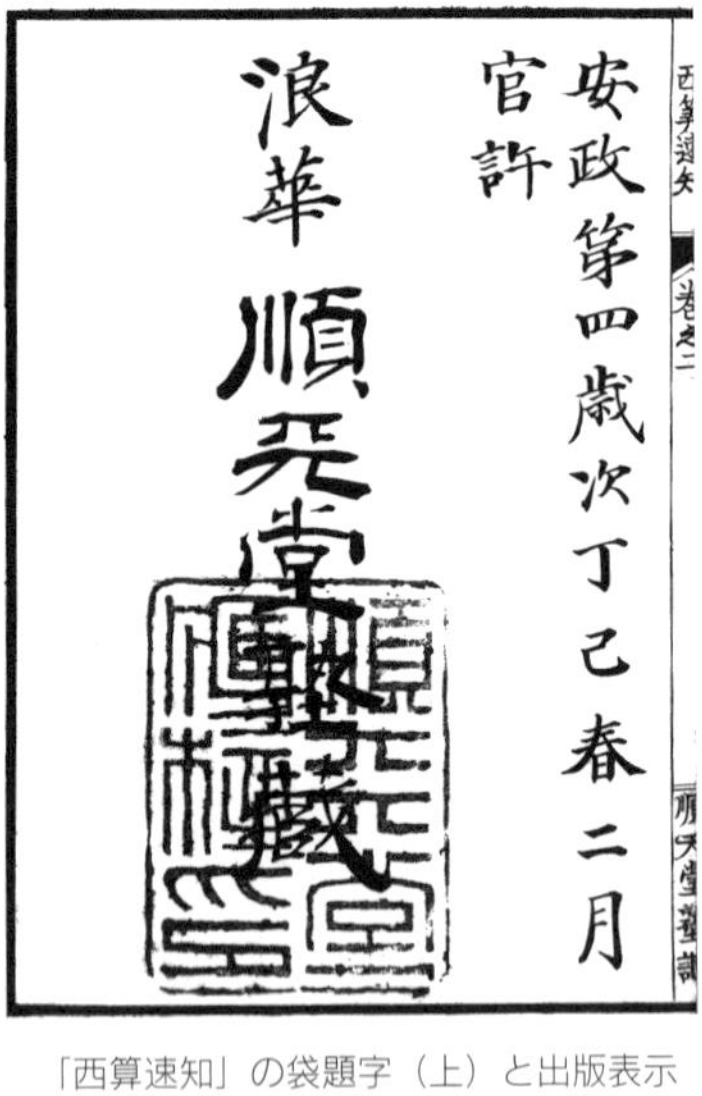

「西算速知」の袋題字（上）と出版表示

【問「西算速知」のたし算】
銀が十二匁、二十四匁、三十八匁、六十二匁、九十五匁ある。五つの合計はいくらか。

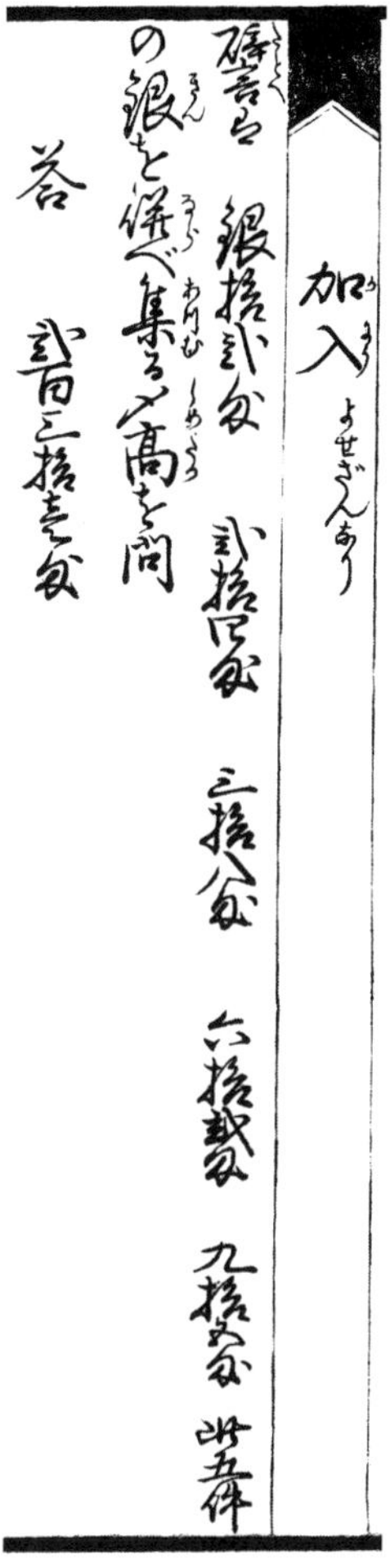

加入《かにゅう》よせざんなり
譬《たとえば》は　銀拾弐《じゅうに》匁《もんめ》　弐拾四匁　三拾八匁　六拾弐匁　九拾五匁　此《この》五件の銀《ぎん》を　併《なら》べ集《あつむ》る　〆高《しめだか》を問《とう》
答　弐百三拾壱匁

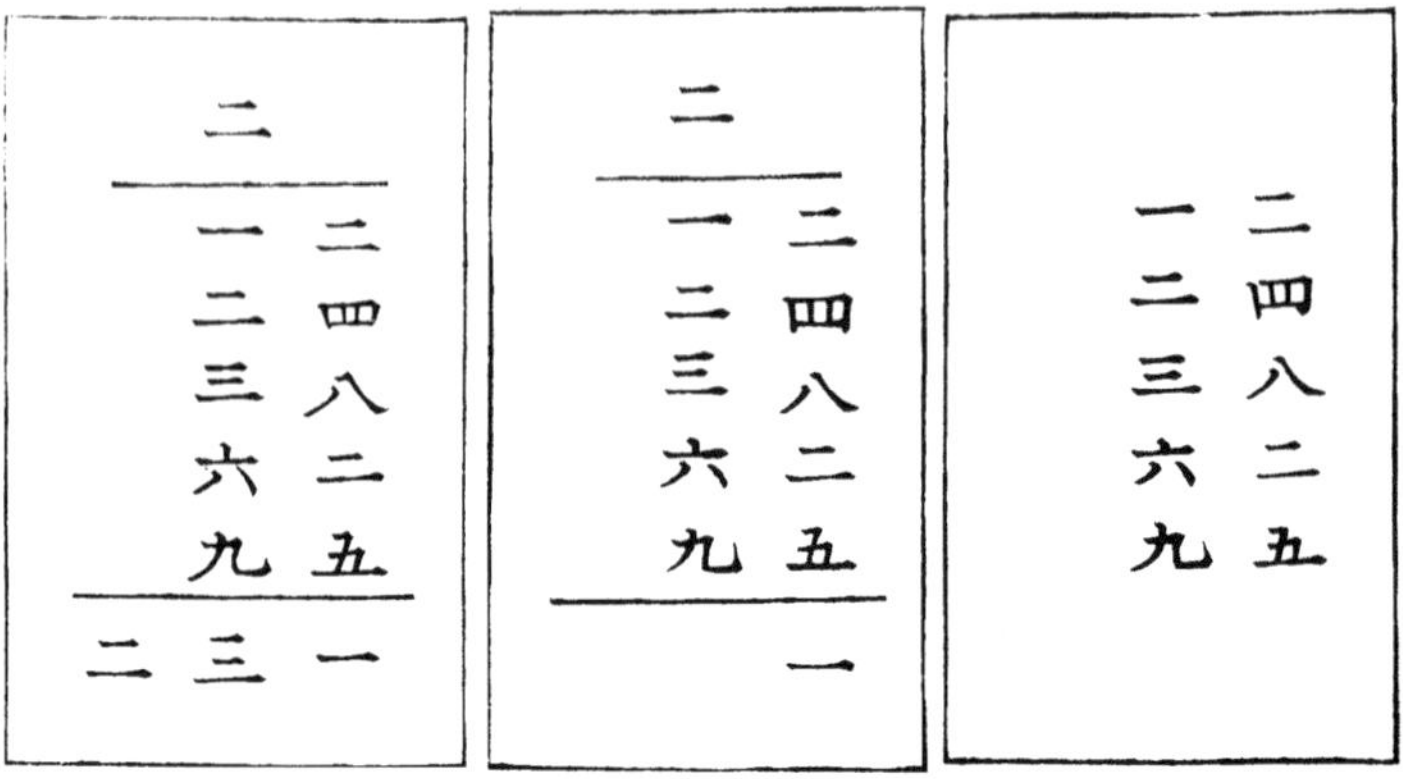

漢数字を使った筆算

なんとも和算風の問題だ。題材も、匁が単位の身近なものである。理軒は、この問題の解き方として、西洋式の筆算を登場させる。ただし、アラビア数字をそっくり漢数字に置き換えたかたちである。ちょっと新鮮な感じがするので不思議だ。

アラビア数字で「12」と書くべきところを「一二」と横書きする。同じように全部で五つの数を、アラビア数字のときと同じように、上から順に並べるわけだ。

そして、一の位「二、四、八、二、五」を合計する。今とちょっと違うのは、もう一本、上部に線を引き、その線の上に繰り上がる数字を書くことだ。

一の位の合計のあと、十の位を考える。繰り上がりの「二」と「一、二、三、六、九」をたし、「二三」と書けばよい。下線の下が「二三一」となり、これを見て「二百三十一」と答えるのである。

当時の日本人にとっては、アラビア数字自体を覚えなくていい分、この理軒の漢数字を使ったやり方のほうがはるかに筆算のしくみが、よくわかっただろう。

西洋数学と中国

理軒は中国から西洋数学を輸入した。それでは中国には、いつ頃、西洋数学が伝わったのか。その出会いは意外と早い。そして出会う時期は、大きく三つの時期にわけられる。

最初の出会いは、モンゴル帝国が築かれた時期だ。帝国が西へ拡大するとともに、アラビアの数学に触れる機会ができた。

一二五九年の李冶《りや》(一一九二—一二七九)による「益古演段《えきこえんだん》」という本には、「175×14」の筆算がすでに紹介されている。ただし、アラビア数字は漢数字に置きかえられている。

第二の時期は、イエズス会の布教の時期である。江戸時代の直前、日本にやってきたイエズス会の宣教師たちは、中国でも活動した。中国に赴任した宣教師たちが、西洋の科学や数学を伝えた。アラビア数字が漢数字になるだけでなく、中国に派遣された宣教師たちは、名前も中国名となった。たとえばイタリア人宣教師マテオ・リッチ(Matteo Ricci 一五五二—一六一〇)は、利瑪竇《りまとう》という中国名を名乗る。彼は、中国人徐光啓《じょこうけい》(一五六二—一六三三)と協力し、「ユークリッド原論」の第六巻までを中国語に翻訳した。

そして三度目は、イギリスとのアヘン戦争(一八四〇—一八四二)の終結後である。このときにも多くの宣教師たちが中国を訪れ、西洋の科学書を現地の中国人と協力して翻訳した。宣教師アレキサンダー・ワイリー（Alexander Wylie 一八一五―一八八七）は、「偉烈亜力」という名前となり、中国人李善蘭《りぜんらん》（一八一一*―一八八二）と協力して、多くの天文学や数学の本を翻訳した。

ワイリーと李善蘭のコンビは、マテオ・リッチらが第六巻まで翻訳していた「ユークリッド原論」の残りの九巻を翻訳し、「ユークリッド原論」を完訳させている。

これらの中国語化された西洋の書物は、日本にも輸入された。日本人は漢文としてそれを直接読めたのである。数多くの翻訳書が、鎖国中の日本において、西洋の科学知識を供給する源となった。「西算速知」も、そんな供給源からの知識による。理軒は、ワイリーと李善蘭のコンビが翻訳した天文学書「談天」も、訓点を付けて文久元年（一八六一）に日本で出版している。

身近なお米の計算

「西算速知」から、身近なお米をテーマにした問題を出題してみよう。

【問　お米の計算】

お米が、一石三斗一升五合、七石二斗一升、七十三石二斗八升、三斗八升七合、十一石一斗八升九合ある。この五つの総合計はいくらか。

譬《たとえば》は米　壱石三斗壱升五合　七石弐斗壱升　七拾三石弐斗八升　三斗八升七合　拾壱石壱斗八升九合　此五件の惣〆高《そうしめだか》を問《とう》

まずは、お米の単位を知っておこう。お米を計るのに使う単位には、「石《こく》」、「斗《と》」、「升《しょう》」、「合《ごう》」がある。

「石」は、「加賀百万石」のように、江戸時代の藩の規模を示すときに使われた。「斗」は、鏡開きのお酒の樽を「一斗樽《いっとだる》」ということを思い出せばよい。そして「升」は、「一升瓶《いっしょうびん》」でおなじみだ。「合」は、「今日のご飯、何合にする?」などと今でもよく使われる。

実は、お米やお酒を計る「石、斗、升、合」は、体積の単位である。

一合は、およそ0.18リットルつまり180CCである。そして「合」から十倍ずつで「升」「斗」「石」となる。

1升は1.8リットル、1斗は18リットル、1石は180リットルである。

そこで一石から考えるとこうなる。

1石=10斗=100升=1000合

十倍ずつになっているので、「一石三斗一升五合」は「1315合」、「七石二斗一升」は「7210合」と、全部「合」の単位で考えるとよい。問題の五つの数字を筆算に書き出してみよう。答の図を見ていただきたい。

横方向に数字を書いて、縦に並べていく。ゼロは書かずに空白を使うところに注意しよう。上にも一本線を引いて、その上に繰り上がりを記入する。

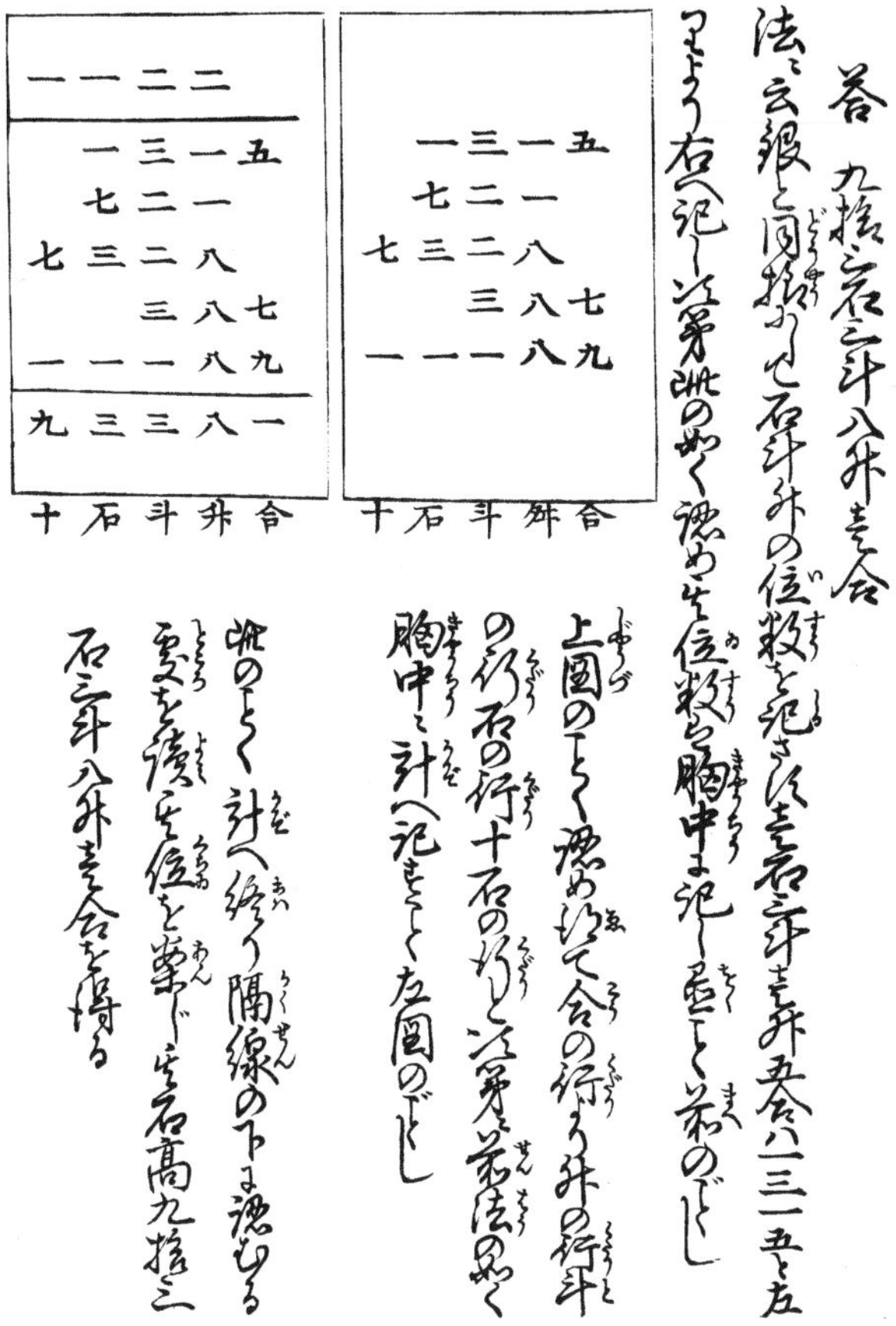

十	石	斗	升	合
	一	三	一	五
	七	二	一	
七	三	二	八	
		三	八	七
一	一	一	八	九

十	石	斗	升	合
一	一	二	二	
	一	三	一	五
	七	二	一	
七	三	二	八	
		三	八	七
一	一	一	八	九
九	三	三	八	一

答　九拾三石三斗八升壱合
法に云《いう》　銀と同様《どうよう》にして　石斗升の位数《いすう》を記《しる》さす《ず》　壱石三斗壱升五合は　一三一五と左《ひだ》りより右へ記し　次第（注：順序のこと）此《かく》の如く認《したた》め　其位数《そのいすう》は　胸《きょうちゅう》中に記し置《おく》こと　前《まえ》のごとし

上《じょうず》図のこ《ご》とく認め得《え》て　合《ごう》の行《くだり》より升の行　斗の行　石の行　十石の行と　次第に前《ぜん》法《ぽう》の如く　胸《きょうちゅう》中に計《かぞ》へ記すこと左図のごとし

此のこ《ご》とく計《かぞ》へ終《おわ》り　隔線《かくせん》の下に認むる処《ところ》を読《よみ》　其位《そのくらい》を案《あん》じ　其《その》石高九拾三石三斗八升壱合を得《う》る

合計すれば、「九三三八一」となった。それぞれの位置に「石斗升合」の単位を付けて考えて、答えは「九拾三石三斗八升一合」である。

こんなかけ算見たことない

「西算速知」のかけ算のやり方は、とてもユニークだ。柳河が疑問を持ったオランダ人の「九九の表」の「斜線」。その謎がここで明らかになる。さっそく「西算速知」にある「九九之表」を見てみよう。

この表は、「洋算用法」の「九九の表」とそっくりである。アラビア数字が漢数字にかわっているだけで、謎の「斜線」もしっかり入っている。

理軒の説明によれば、この斜線の左上には「十の位」の数字を、右下には「一の位」の数字を書くのだという。だたし、ゼロは空白を使うから、たとえば「五六三十」の「三十」では、斜線の右下は空欄でよい。

ただ、この表をまるごと覚える気にはならない。西洋で「九九」は、覚えて唱えるものでなく、どうやらかけ算の答えを調べるための数表であった。

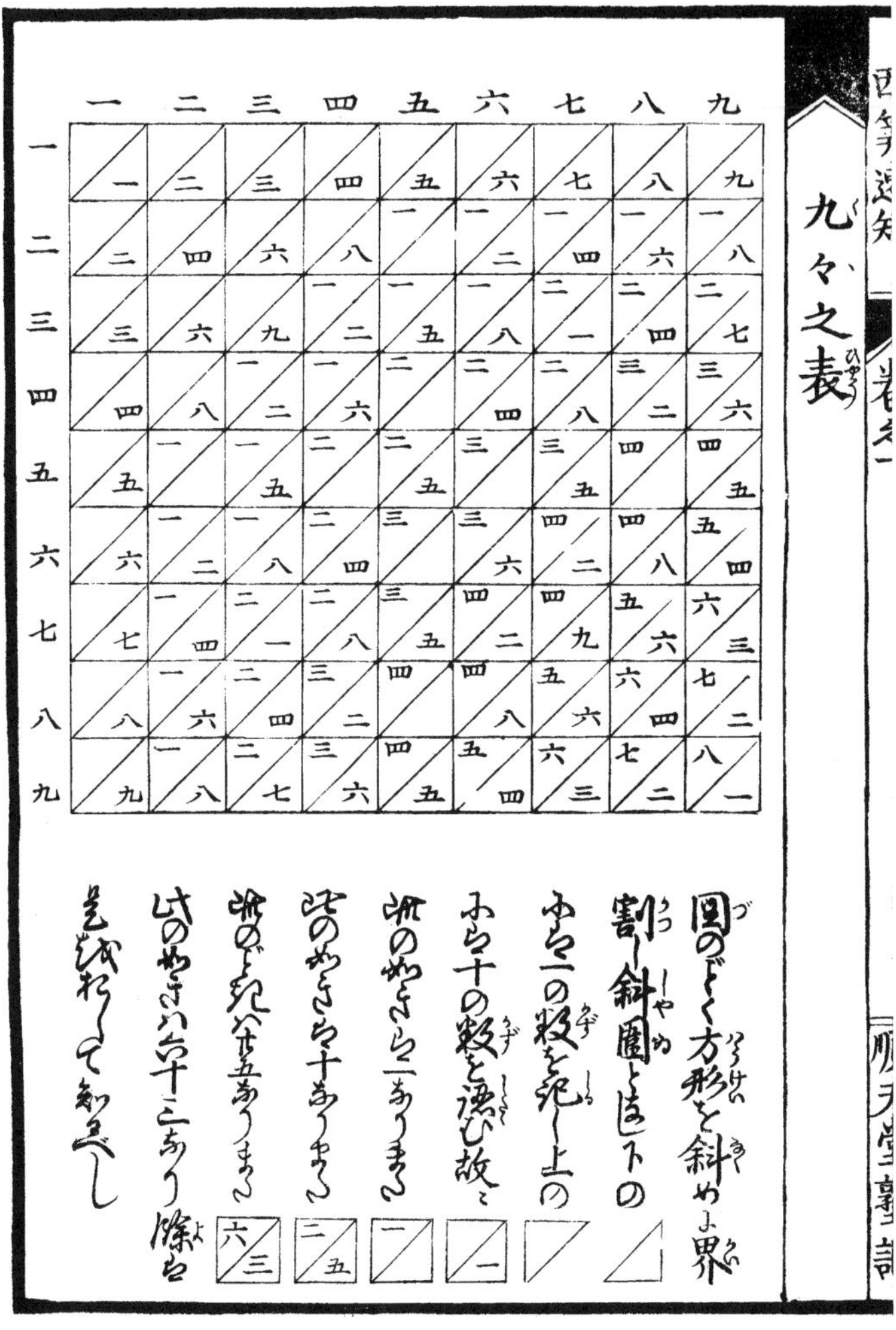

九々之表

	一	二	三	四	五	六	七	八	九
一	一	二	三	四	五	六	七	八	九
二	二	四	六	八	一／	一／二	一／四	一／六	一／八
三	三	六	九	一／二	一／五	一／八	二／一	二／四	二／七
四	四	八	一／二	一／六	二／	二／四	二／八	三／二	三／六
五	五	一／	一／五	二／	二／五	三／	三／五	四／	四／五
六	六	一／二	一／八	二／四	三／	三／六	四／二	四／八	五／四
七	七	一／四	二／一	二／八	三／五	四／二	四／九	五／六	六／三
八	八	一／六	二／四	三／二	四／	四／八	五／六	六／四	七／二
九	九	一／八	二／七	三／六	四／五	五／四	六／三	七／二	八／一

九九之表

図のごとく方形《ほうけい》を斜《なな》めに界割《かいかつ》し　斜囲《しゃい》となし　下の◺には一の数《かず》を記《しる》し　上の◸には十の数《かず》を認《したた》む　故《ゆえ》に　◺此の如きは一なり　また◸此の如きは十なり　また◪此のごときは廿五なり　また◪此の如きは六十三なり　余《よ》は是《これ》をおして知るべし

かけ算をやってみる

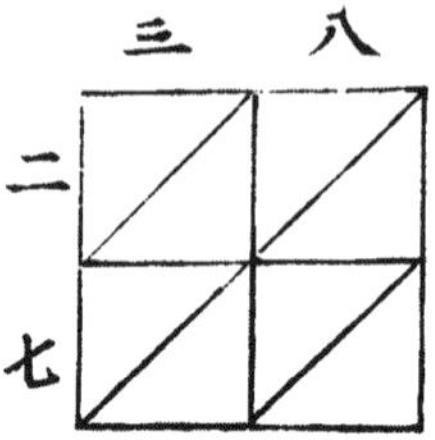

2桁かける2桁の計算の準備

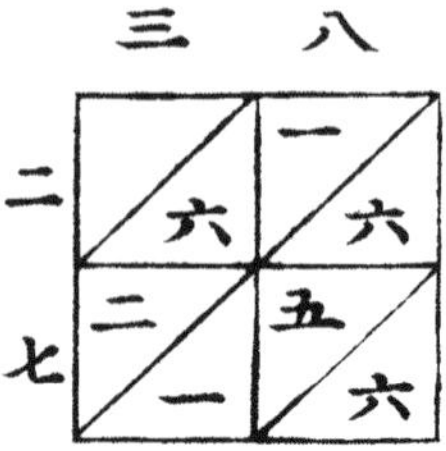

それぞれの場所に九九の結果を記入する

それではこの表を使って、実際にかけ算をやってみよう。理軒は「38×27」を例に説明している。ぜひご一緒に、紙の上でやっていただきたい。

図のように、まずは田の字型のマス目と斜線を書こう。つぎに、かけ算する数字「三八」と「二七」を、マス目の上と横に図のように書き加える。

ここから「九九之表」が活躍する。数字が交差する位置に、かけ算の答えを記入していくのだ。「九九之表」を見て、その通りに写せばよい。たとえば、右上のマス目なら、「二」と「八」が交差する場所だ。「九九之表」で「二」と「八」が交差する場所から「一」「六」を転記する。ほかの組み合わせも同じように書き込んでみよう。

ここから、いよいよ謎の「斜線」が活躍する。今数字を入れて作った田の字型の表を斜線に沿って、切り取ると考える。理軒のイメージ図を見ていただきたい。

この切断によって、今は、四つのグループができる。このそれぞれのグ

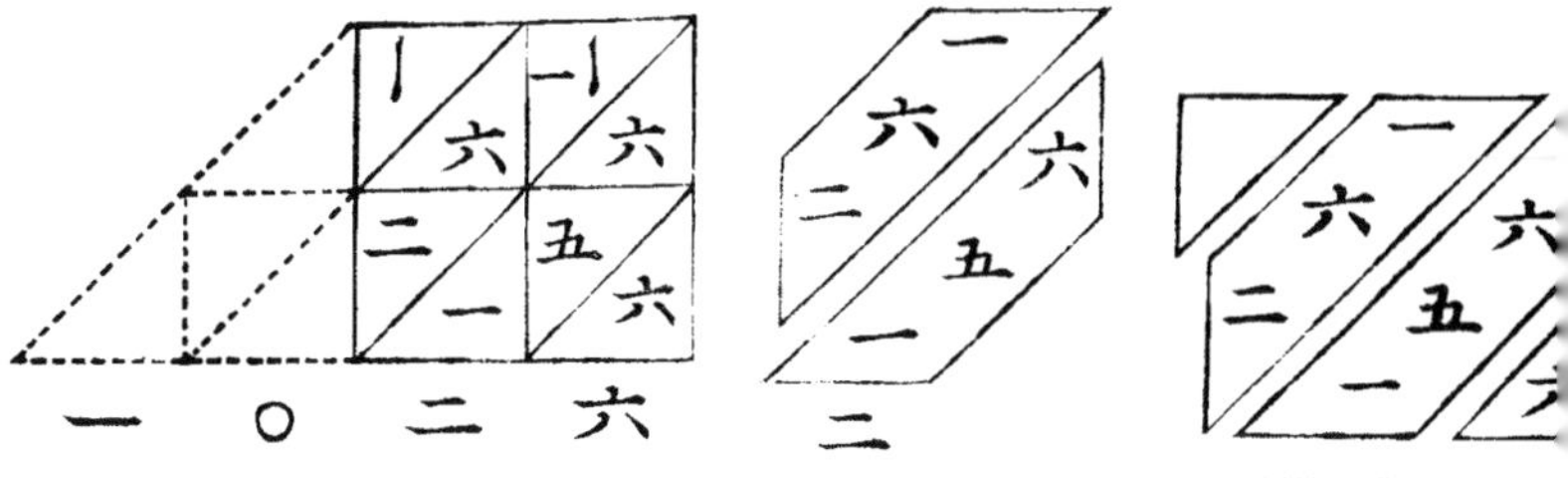
縦棒は繰り上がり分を示す
グループごとに数字を合計する
斜線に沿って切る

ループ内の数字を合計するのだ。一番右のグループ内には「六」しかないので合計は「六」。その左のグループ内には、「六　五　一」があり、合計すると「十二」である。このとき繰り上りとなり、「二」だけをグループの下に書き、「十」はつぎのグループに「一」として送る。

繰り上がり分はつぎのマス目の中に縦棒として書く。そしてそこでは、この繰り上り分と「一　六　二」を加え、「十」となるから、「〇」を書いて「一」を繰り上げる。

最後のグループ内の合計は「一」となる。結局、田の字型の表の下に、「一〇二六」と数字が並ぶ。これが「38×27」のかけ算の答えとなる。確かに「38×27＝1026」である。

なんだかマジックのようだ。しかしよく考えてみると、ふつうの筆算を斜めにやっているだけだ。ただ、手順がとてもシンプルである。「九九之表」があれば、グループ内を合計するひと桁の「たし算」だけをしっかりやればよい。機械的に誰でも簡単に、より正確に、かけ算ができる。ちょっと、写すのに時間がかかりそうだけど…。

これで謎が解けた。オランダ人の「九九の表」の斜線は、このようなグループを作るための補助線だったのである。

これでわかった新方式

自分でやってみると意外と面白いので、つぎの問題をやりながら手順をおさらいしておこう。

> 【問「西算速知」のかけ算】
> 「495×61」を九九之表を使って計算しなさい。

まずは、2×3のマス目を作る。上に「四九五」、左に「六一」と書く。数字が交わる場所にそれぞれの九九の結果を、九九之表から転記すればよい。

全部書き終わったら、「謎の斜線」に沿ったグループを考える。今回は五つのグループができる。右のグループから順にグループ内の合計を計算する。全部一桁のたし算だ。繰り上がりは、縦棒としてつぎのグループに加えればよい。マス目の下に並んだ数字が答えとなる。

今は「三〇一九五」だから「三万百九十五」である。「495×61」は、こんな方法で計算できるのだ。

縦三行横二段の図を設くる図

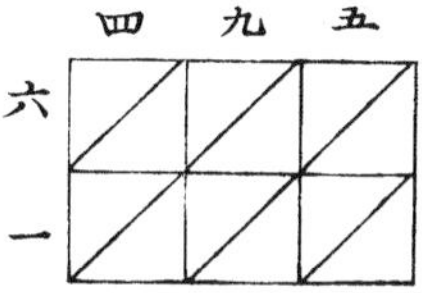

初段の六と初行の四を　四六の廿四を認る図

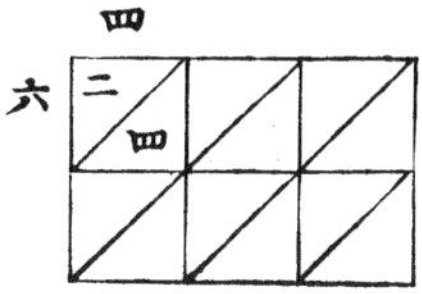

初段の六と二行の九を　六九の五十四を認る図

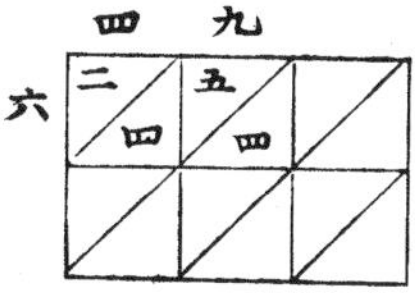

初段の六と三行の五を　五六の三十を認る図

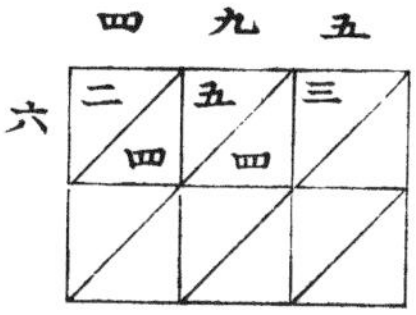

二段の一と初行の四を　一四が四を認る図

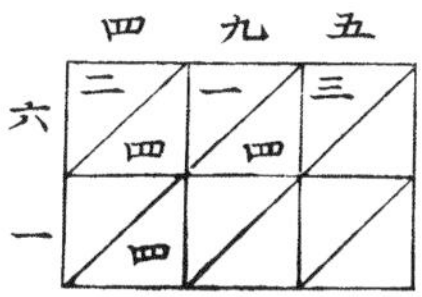

二段の一と二行の九を　一九か九を認る図

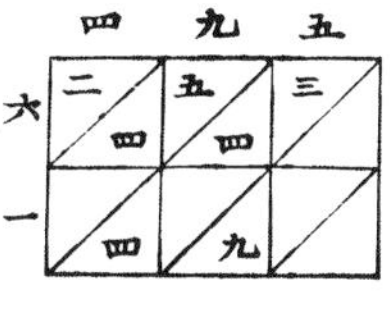

二段の一と三行の五を　一五が五を認る図

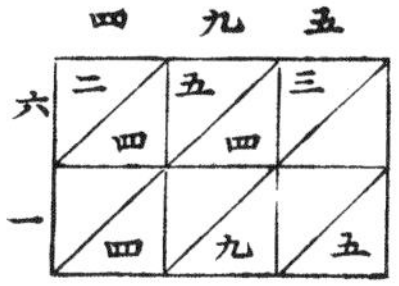

是にてかけ尽《つく》したるなり　初《しよ》学《がく》の為《ため》に仮《かり》に五級《きう》に分ち　計《けい》算《さん》することかくのごとし

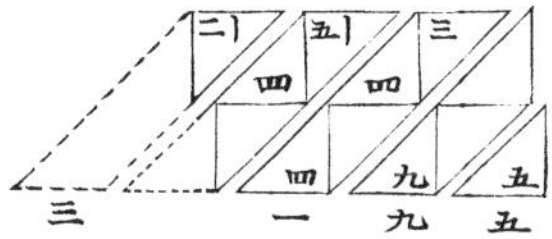

縦三行横二段の図を設《もう》くる図

初段の六　初行の四にて　四六の廿四を認《したため》る図／初段の六　二行の九にて　六九の五十四る図／初段の六　三行の五にて　五六の三十を認る図／二段の一　初行の四にて　一四が四る図／二段の一と　二行の九にて　一九か《が》九を認る図

二段の一と　三行の五にて　一五が五を認る図

是にてかけ尽《つく》したるなり　初学《しよがく》の為《ため》に　仮《かり》に　五級に分ち　計算すること左のごとし

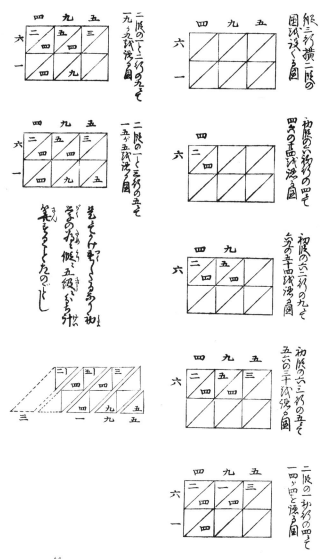

古い歴史がある方式

理軒が「西算速知」で紹介したこのかけ算の方式は、当時、西洋ではかなりポピュラーだった。だから、柳河が接触したオランダ人が、同じ「九九の表」を持っていたのである。

この方式の起源は、十三、四世紀のアラビアにさかのぼる。世界初の印刷数学書「トレヴィーゾ算術書」にも掲載されている。アラビアからヨーロッパに伝わったこの方式は、対数の発明で有名なスコットランドの数学者、ジョン・ネイピア（John Napier 一五五〇―一六一七）のお気に入りとなる。

英国のエジンバラに生まれたネイピアの生家は、市長を三人も出すほどの地元の名門だった。ネイピアは長男だったので、お金には困らなかった。宗教活動のかたわら、数学の研究に熱心に取り組む。

彼の生涯の研究テーマは、「いかにすれば計算が簡単になるか」であった。ネイピアは亡くなる直前に、大きな二つの研究成果を公表した。

ひとつは、一六一四年発表のログ（Log）である。有名な「対数」だ。対数のおかげで桁数の多い大きい数のかけ算が、たし算としてできるようになり、天文学の計算などにずいぶんと役立った。

そしてふたつ目が、理軒が「西算速知」に掲載したこのかけ算方式の応用なのである。ネイピアはこの原理を使って、計算機史上に名を残す世界初の「計算器」を作ったのだ。

ネイピアロッドの使い方

それは現代では、「ネイピアのロッド（Napier's rods）」あるいは「ネイピアの骨（Napier's bones）」と名付けられ、コンピュータの祖先として尊敬されている。道具の作り方や原理を書いた論文「Rabdology（ロッド計算学）」は、ネイピアが亡くなる年の一六一七年に公表された。

理軒の「西算速知」では、マス目を紙に書き、「九九之表」から九九の結果を転記して作業を進めた。これは西洋でも一般的な方法だった。ところがネイピアは、この「九九」をあらかじめ刻印した棒をつくったのである。棒は「ロッド（rod）」と呼ばれ、図のような形をしていた。

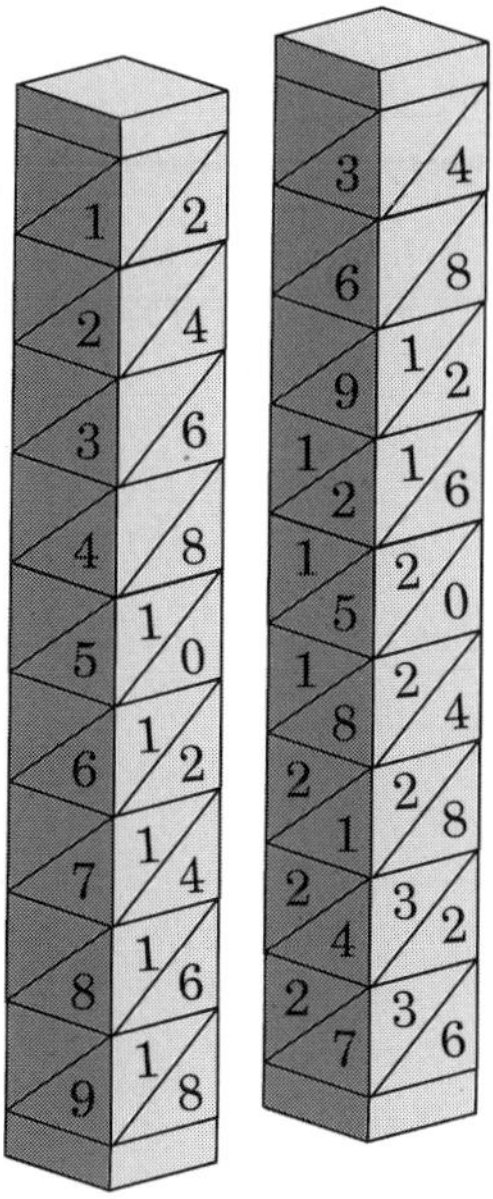

ネイピアのロッドのイメージ

「ネイピアのロッド」は、バラバラになる「九九之表」と思えばよい。一本のロッドには、四つの段の九九が書き込まれている。かけ算をするときは、必要な九九の段が書かれている棒の面を上にして、並べてテーブルの上に置くのである。

「35×5」でやってみよう。図を見てほしい。

三の段と五の段が書かれている面を上にして、二つの棒をあわせて並べる。このとき、「35」をかけるので、「3の段」を左に「5の段」が右になるように置く。そして、今は「35」に「5」をかけるのだから、上から「5段目」を見る。こうすると、その部分は、「35×5」のためのマス目になっている。

あとは、例の「斜めの線」に沿ったグループ分割を考えて、斜めにできたグループ内の合計を出していく。今なら右から「571」となる。

こうして、「35×5=175」とわかるのである。

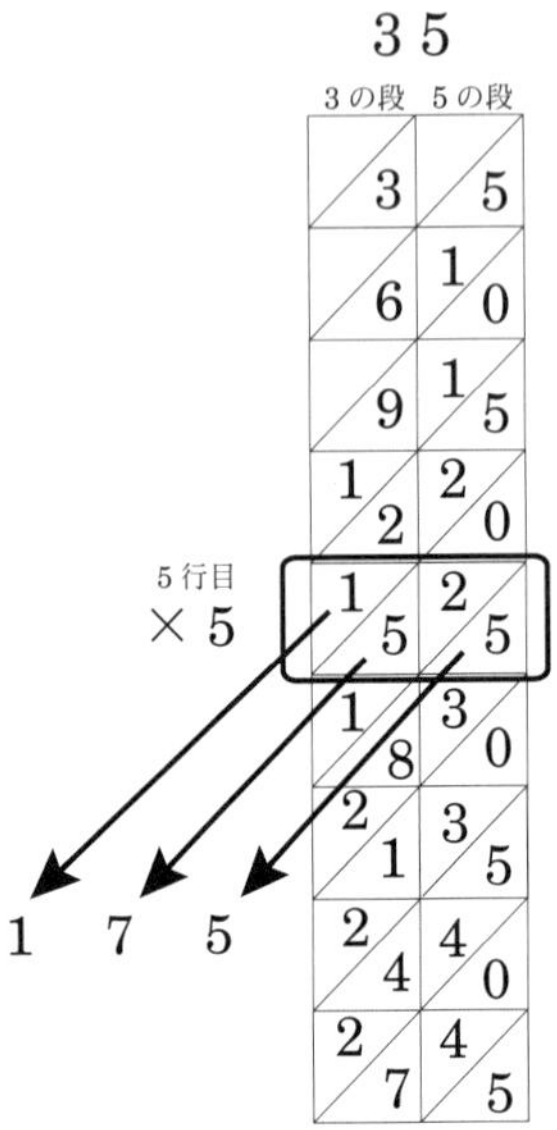

ネイピアのロッドによる 35×5 の計算

「どうだい、このロッド！　私はいつも持ち歩いているんだよ」

「ネイピア先生のロッドなら、紙に写す手間がないから、とても便利です！」

十三、四世紀にアラビアで生まれたかけ算の方式は、アラビアからヨーロッパに伝わり、西の果てスコットランドでコンピュータ史に輝く計算道具となる。そして、東方に向かった同じ方式が理軒によって日本初の西洋数学書の中で紹介されたのである。

第六章　ふたりの友人

長崎海軍伝習所

理軒は、「測量集成」と「西算速知」という二つの書物を出版し、塾の評判はますます高まった。それとともに、幕末の有名人たちとも接点ができるようになる。幕末から明治にかけて、理軒が親しくつきあうことになるふたりの人物を紹介しよう。

まずは、長崎海軍伝習所《ながさきかいぐんでんしゅうじょ》出身の人である。

長崎海軍伝習所は、安政二年（一八五五）、日本初の軍艦乗組員養成施設として創設された。ペリー来航を受けて、幕府はオランダに相談し、咸臨丸《かんりんまる》と朝陽丸《ちょうようまる》という二隻の蒸気軍艦をオランダに発注した。

このときオランダは、気前よく、観光丸《かんこうまる》となる一隻の蒸気軍艦をおまけにプレゼントしてくれた。注文した二隻と合わせて三隻、これらを練習艦にしてオランダは、船の操縦方法や関連する知識を教えてくれることになった。そこで作られたのが、長崎海軍伝習所である。

その学校では、航海や造船の技術、そして数学や測量学が学べた。書物からの伝聞でなく、オランダ人の商人からでもない。本国できちんと専門分野を学んだ外国人教員による教育だ。長崎海軍伝習所は、当時の日本で西洋数学教育におけるトップレベルの学校になった。しかも数学や測量学は、カリキュラムの中でも重要な必修科目だったのである。

のちに軍艦奉行となる勝海舟《かつかいしゅう》（一八二三―一八九九）や、幕府海軍副総裁になる榎本武揚《えのもとたけあき》（一八三六―一九〇八）など、幕末の政治史を飾る多くの人々がここで学んだ。

そして、塚本明毅《つかもとあきたけ》（一八三三―一八八五）、柳　楢悦《やなぎならよし》（一八三二―一八九一）など、数学や測量学でのちに有名となる人々も学んでいたのだ。そんなメンバーの中で、理軒がもっとも親しくつきあうことになるのが、佐藤政養《さとうまさやす》（一八二一―一八七七）であった。

勝海舟の一番弟子は誰？

佐藤与之助という名前でも知られる佐藤政養は、文政四年（一八二一）十二月、出羽国飽海郡升川村《でわのくにあくみぐんますかわむら》に生まれた。升川村は、現在は岩手県遊佐《ゆざ》町になっている。偶然にも、東の「順天堂」を開いた佐藤泰然の父親である佐藤藤佐《さとうとうすけ》（一七七五―一八四八）が同じ升川村の出身だ。ひょっとすると佐藤政養は、同郷の有名人が作った塾と同じ名前なので、親しみを感じたのかもしれない。ちなみに余談ながら、佐藤泰然の孫娘は榎本武揚に嫁いでいる。

さて、理軒の友人となる佐藤政養は若い頃、神社仏閣の建物の装飾を作る「彫刻」を学んでいた。嘉永六年（一八五三）八月、満三十一歳のときに江戸に出て、有名な彫刻の先生に入門する。ところが当時の江戸はペリーの話題で持ち切りだ。佐藤も蘭学に興味を持ち、嘉永七年（一八五四）十月、勝海舟の塾に入門する。

これで人生がかわってしまった。勝よりも二歳年上であった佐藤はその実力を発揮し、勝海舟の一番弟子となった。


「与之助の作る図面は、いつも見事じゃなあ…」


おそらく彫刻の経験のおかげで、根気強く精密な地図を作れたのだろう。

勝塾の有力メンバーとなった佐藤は、安政二年（一八五五）九月から三年あまりの間、勝の従者の身分で、長崎海軍伝習所で学ぶことができた。

のちに江戸に軍艦操練所が設立されると、長崎海軍伝習所出身者の多くがその教師となった。佐藤も軍艦操練所の蘭書翻訳方出役となる。その役目にあって佐藤は、文久元年（一八六一）十一月、オランダの世界地図を翻訳した「官許新刊輿地全図《かんきょしんかんよちぜんず》」を出版する。

それはメルカトル図法による世界地図で、世界の船の旗がまわりを飾っていた。世界のおもな航路や大陸別人口まであり、その一枚に西洋の知識がぎっしり詰まっていた。国名地名は、すべて漢字とカタカナに翻訳されているから、長崎で学んだ測量学と現在の翻訳方という仕事をうまくコラボさせた業績であろう。

海軍塾を作ろう

文久三年（一八六三）四月二十三日、将軍徳川家茂《とくがわいえもち》（一八四六―一八六六）が将軍としては徳川家光《とくがわいえみつ》（一六〇四―一六五一）以来、二百二十九年ぶりに上洛し、軍艦での大坂湾沿岸視察を行った。このとき案内した勝海舟は、都に近い大坂湾の海防のため、神戸に海軍操練所などの海軍施設をつくるべきだと将軍に直接上申する。これが口頭ですぐに認められ、翌日には辞令が出たというから、さすがにボスとの直接交渉は速い。

幕府海軍の訓練施設

勝は、海軍軍人を養成する操練所や造船所などを含めた総合的な海軍基地を神戸につくろうとした。そこで人材養成が急務だと、ただちに大坂に私塾の海軍塾を開設する。その塾を拠点に、人材育成と操練所の開設準備を開始したのである。このとき多忙な勝にかわって、実務の一切を引き受けたのが勝塾塾頭となっていた佐藤政養だった。

大坂海軍塾があった場所

　大坂海軍塾は、文久三年（一八六三）の三月頃から九月頃まで、勝が大坂での宿泊先と決めた北鍋屋町《きたなべやまち》の専称寺《せんしょうじ》にあった。北鍋屋町は、淡路町《あわじまち》通りに面した中橋筋《なかばしすじ》から丼池筋《どぶいけすじ》までの二ブロックだ。現在の大阪市中央区淡路町二丁目五番、六番と淡路町三丁目一番、二番にあたる。専称寺は、淡路町三丁目二番付近にあったとされる。

　大坂海軍塾は、勝の門人となったばかりの坂本龍馬（一八三六*―一八六七）が、そこで海軍関連の技術や知識を学んだことでも有名である。

　実はこの大坂海軍塾から、今では三休橋筋と呼ばれる栴檀木橋筋を、南へ五〇〇メートルばかり五分も歩けば、理軒の順天堂塾がある南本町四丁目だった。測量学も学んでいた佐藤が「測量集成」や「西算速知」の福田理軒を知らないはずはない。

「理軒先生が、すぐそばにいらっしゃる！」

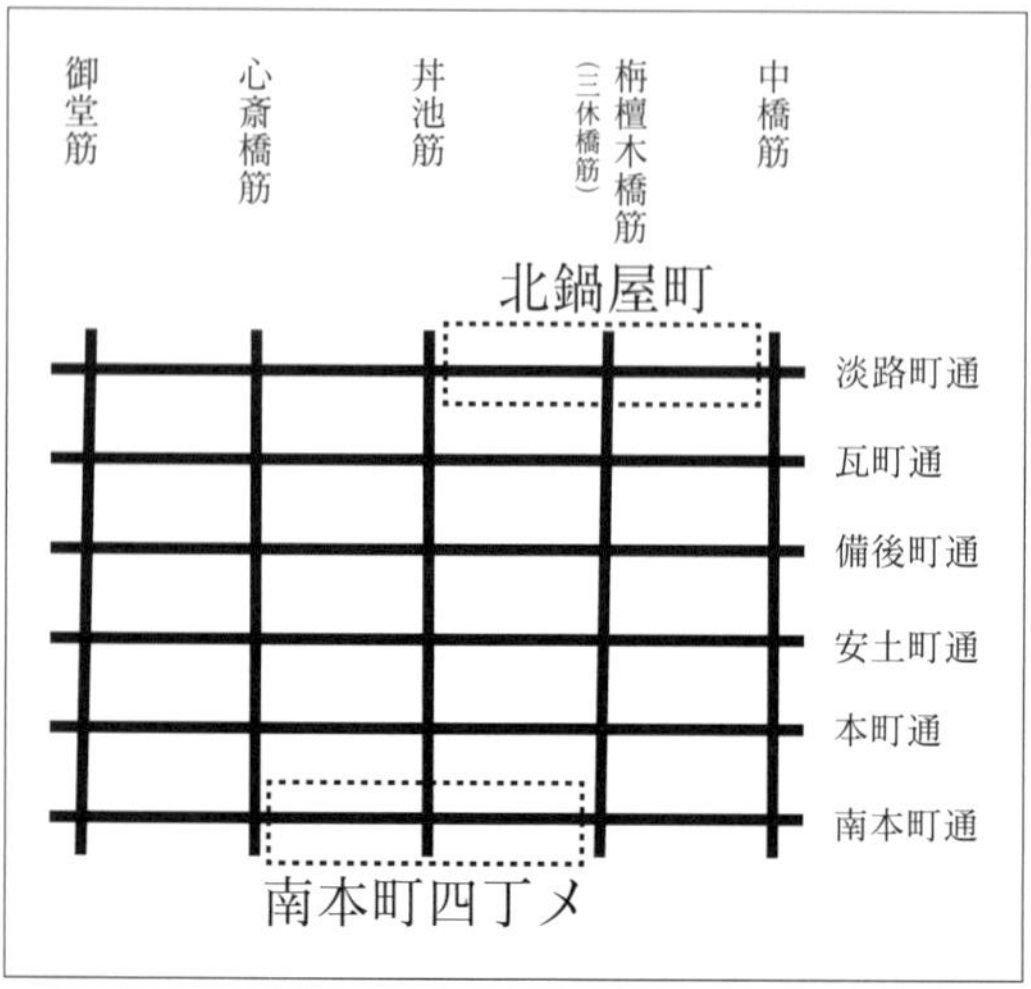

大坂海軍塾の北鍋屋町と理軒順天堂塾の南本町四丁メ

そう思った佐藤に招かれ、理軒が海軍塾で教えていたとしても何の不思議もない。理軒は、龍馬を教えたかもしれないのだ。事実、この頃から佐藤と理軒は、親しく交際を重ねるのである。

神戸海軍操練所

「うちの倅《せがれ》、どうでっしゃろ…」

「理軒先生のご子息を?」

「神戸村の海軍操練所の先生に…」

「なるほど、理軒先生には海軍塾でお世話になっておりますし…」

「倅は西洋の算術も、ようできますのや」

「わかりました、勝先生にお話しておきましょう」


おそらくこんな会話が、理軒と佐藤の間にあったにちがいない。

元治元年(一八六四)八月二十八日付の勝海舟の日記に、こんな一節がある。

「関家福田主計、来る。倅、家来分として、操練局御雇いとすべき旨を談ず。」

関家福田主計とは、もちろん理軒のことだ。勝が倅といっているのが、のちに活躍する理軒の息子福田半《はん》だとすれば、半は嘉永二年（一八四九）四月の生まれなので、当時はまだ満十五歳。あまりの若さに、理軒と佐藤の深い絆を感じさせるエピソードとなる。

しかし肝心の神戸海軍操練所は、そう長くは続かなかった。大坂から移転した勝の私塾である神戸海軍塾と幕府の神戸海軍操練所は、実は一体となって活動し、反幕府勢力が集まるところとのレッテルが貼られた。元治元年（一八六四）十一月、勝は失脚し、神戸海軍操練所は翌年の元治二年（一八六五）三月に廃止されてしまう。

佐藤は、廃止後の残務整理をしたあと、引き続き大坂で鉄砲奉行となって海防の仕事を続けた。その間、慶応二年（一八六六）十一月から慶応四年（一八六八）一月までの約一年間、佐藤は理軒の息子半に西洋式の測量学や数学を教えた。そして同じ頃、佐藤は理軒の出した「測量集成」の続編に、立派な序文を寄せている。

開成所の友人神田孝平

ペリーの来航に対する軍事的対応が長崎海軍伝習所であるなら、外交学術における対応が、蕃書調所《ばんしょしらべしょ》の設立といえる。蕃書調所は、洋学専門の研究教育機関であった。理軒のもうひとりの友人、神田《かんだ》孝《たか》平《ひら》（一八三〇―一八九八）は、この蕃書調所の教官であった。

幕府の翻訳業務は、蕃書調所ができる前はおもに天文方のひとつの係でやっていた。天文方の高橋景保が、蕃書和解御用《ばんしょわげごよう》となったのが最初である。ところがペリー以後の外交の活発化で、単なる係では対応しきれず、独立した専門機関が必要となった。

蕃書調所は、安政二年（一八五五）頃から設置準備が始まり、安政三年（一八五六）四月には、教官九名が任命されている。十二月には生徒募集が始まった。なんと千人ほどの志願者があったという。翌年の安政四年（一八五七）一月から授業が始まった。午前八時頃から午後四時頃まで、講義、個人指導、自学自習などで、毎日百名ほどが勉強していたという。

一方、蕃書調所の教官の仕事は、教えることよりも軍事にかかわる洋書の翻訳が中心であったという。「敵」の事情を知るには、軍事の問題に限らず、その国の文化を幅広く学ばなければならない。当然、蕃書調所の研究領域は、徐々に西洋文明全体へと広がる。「学科」の増設が行われ、それとともに蕃書調所は、文久二年（一八六二）五月に洋書調所《ようしょしらべしょ》、文久三年（一八六三）八月に開成所《かいせいじょ》とその名前をかえた。

新設数学科の教官になる

この増設の過程で、文久二年（一八六二）二月、数学科が新設されている。このとき初代の担当者となったのが、理軒の「友人」となる神田孝平だった。開成所は東京大学の源流だから、神田は日本初の西洋数学の教官といえるだろう。
神田孝平は、文政一三年（一八三〇）九月十五日、美濃国不破郡岩手村《ふわぐんいわでむら》で生まれた。今の岐阜県不破郡垂井町岩手《たるいちょういわで》付近だ。実は岩手村は、理軒の父の故郷美濃国本巣郡真桑村と二〇キロほどしか離れていない。

「理軒先生のお父上が真桑村のご出身とは驚きました。私は岩手村です」
「そうですか！　それは奇遇ですなあ…、あっはっは…」

こんな会話を、神田と理軒はしたことだろう。
そんな神田は苦労人である。満九歳のとき父を亡くし、叔父を頼りに勉学に励んだ。満一八歳のときに京都に出て、のちに江戸に行き、漢文や儒学を学んでいた。そこにペリーの来航だ。神田も、ペリーによって人生がかわる。ペリーは、どれだけの人々の運命をかえたことか。

「これからは蘭学だ！」

専攻をがらりとかえた神田は、解体新書で有名な杉田玄白《すぎたげんぱく》（一七三三―一八一七）の孫、杉田成卿《すぎたせいけい》（一八一七―一八五九）や手塚律蔵《てづかりつぞう》（一八二二―一八七八）に蘭学を学んだ。

神田は、手塚の塾にいたとき、西周《にしあまね》（一八二九―一八九七）と一緒だった。そして、桂小五郎こと木戸孝允《きどたかよし》（一八三三―一八七七）に蘭学を教えたという。

よい師に巡り会うことは、やはり大切である。神田の師匠である杉田と手塚は、ほどなく蕃書調所の創設時の教官九名に入り、それぞれ教授職と教授手伝となったのだ。神田も師匠たちのあとを追い、文久二年（一八六二）二月十日、教官となって、数学を担当したのである。

神田は、開成所で教えていた数学の教科書をのちに出版している。明治元年に執筆された「数学教授本」がそれである。この本の冒頭には、「江戸　開成所　神田孝平　編」とある。

慶応三年（一八六七）の頃、開成所の数学は、百五十人から百六十人が受講する人気科目だった。おそらくその頃の教材であろう。日本初の西洋数学教官の教科書とは、どのようなものだったか。さっそく、見てみよう。

アラビア数字はこうして書く

まずは、アラビア数字と数学記号の紹介である。加減乗除と平方根、立方根。イコールや括弧が示される。かけ算では「・」が、割算では「∴」という記号が、「×」や「÷」に加えてある。そして、アラビア数字を使った数の書き方と読み方の練習へと続いていく。

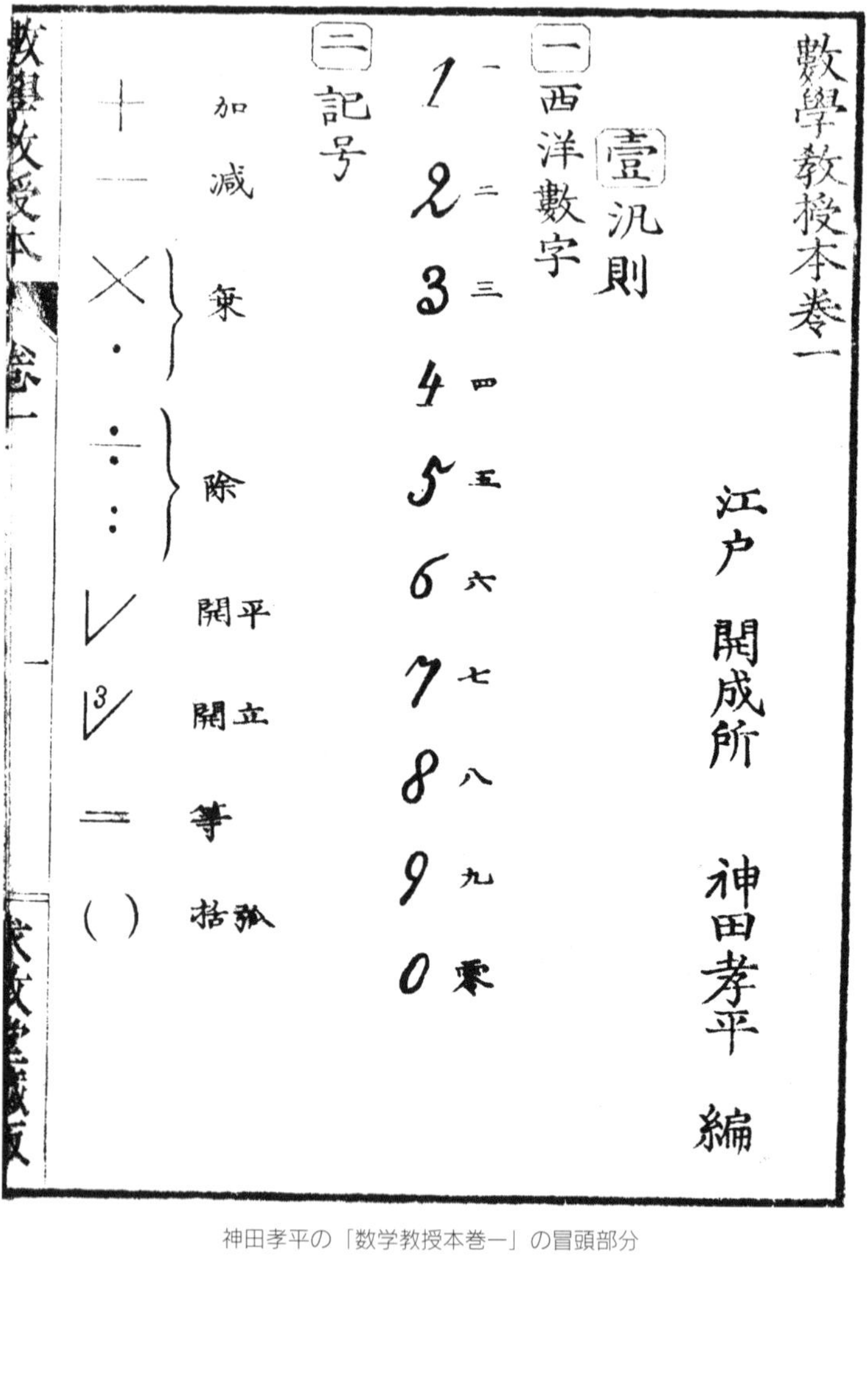

數學教授本巻一

江戸 開成所 神田孝平 編

壹 汎則

一 西洋數字

1	一
2	二
3	三
4	四
5	五
6	六
7	七
8	八
9	九
0	零

二 記号

$+$	加
$-$	減
$\times$ $\cdot$	乗
$\div$ $:$	除
$\sqrt{}$	平開
$\sqrt[3]{}$	立開
$=$	等
( )	括弧

數學教授本 巻一

一

神田孝平の「数学教授本巻一」の冒頭部分

【問　アラビア数字の読み方】
つぎの一から十二までの数字を読み上げて、漢数字で書きなさい。ただし、下に桁のヒントが書いてあるので参考にしてよい。

五　定位表

	千	百	十	一（億）	千	百	十	一（万）	千	百	十	一
一												9
二											9	8
三										9	8	7
四									6	8	4	3
五								2	4	8	6	1
六							9	8	5	8	5	4
七						6	8	5	8	5	4	3
八					9	8	7	6	5	4	3	2
九				3	9	2	6	5	4	3	6	8
十			9	8	7	6	5	4	3	2	1	0
十一		8	4	6	7	3	0	9	7	7	3	6
十二	4	2	3	8	5	7	8	0	3	4	6	7

現代人にとっては、当たり前のように読める。しかし、当時としてはアラビア数字がわかり、数として読めることが、基礎になっていたわけだ。念のため、本にある解答を示しておこう。
そして、数字の書き方、読み方がわかったところで、つぎは加減乗除の計算だ。

前表讀法

一、九
二、九十八
三、九百八十七
四、六千八百四十三
五、二万四千八百六十一
六、九十八万三千四百五十四
七、六百八十五万八千五百四十三
八、九千八百七十六万五千四百三十三
九、三億九千二百六十五万四千三百六十八
十、九十八億七千六百五十四万三千二百十
十一、八百四十六億七千三百〇九万九千七百三十六
十二、四千二百三十八億五千七百八十万〇三千四百六十七

たし算をやってみる

【問　父の財産は全部でいくら?】

父が所持金を配分し、長男に三千七百八十九両、次男に二千九百七十三両、長女に千九百八十八両、次女に九百九十九両を与えた。残りは四千七百八十五両だった。最初の父の所持金はいくらか。

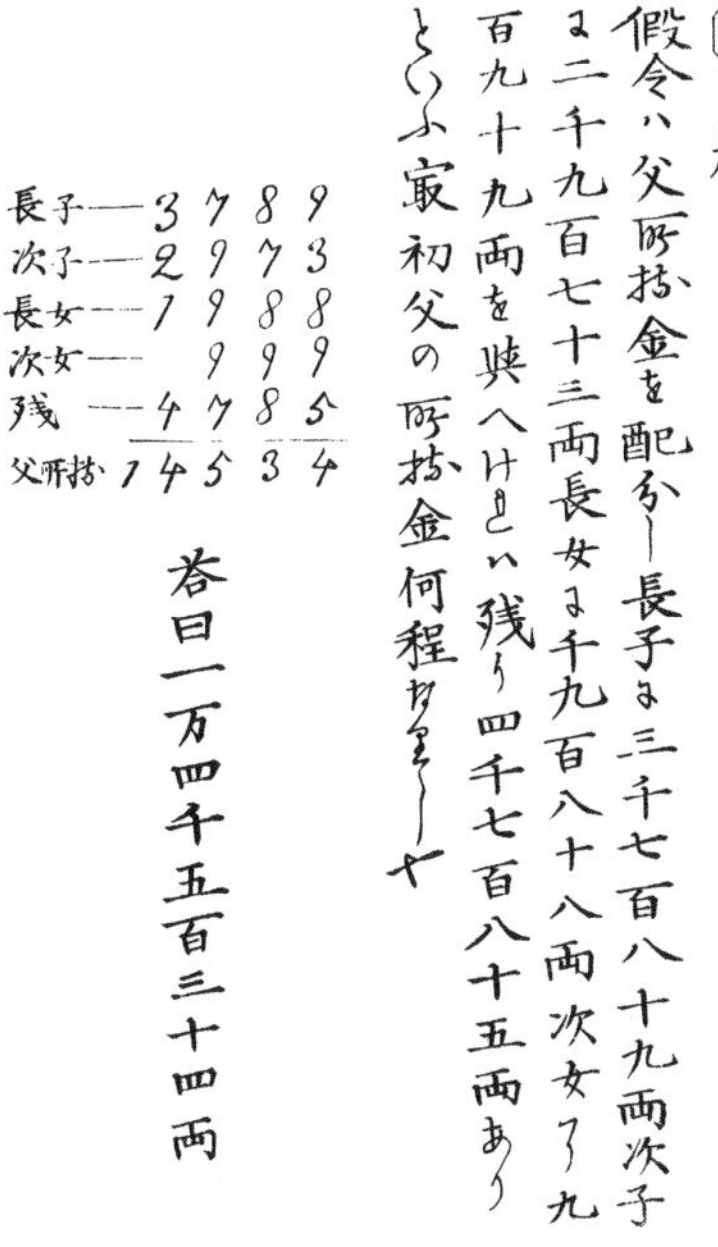

問題
假令《たとえば》は父　所持金を配分し　長子に三千七百八十九両　次子に二千九百七十三両　長女に千九百八十八両　次女に九百九十九両を与《あた》へけれは《ば》　残り四千七百八十五両ありといふ　最初　父の所持金何程《なにほど》なりしや

長子	3789
次子	2973
長女	1988
次女	999
残	4785
父所持	14534

答曰　一万四千五百三十四両

単なる筆算のたし算で、答えは一万四千五百三十四両である。では、いったい父の財産は、今のお金にしたらどれくらいだろう？　ひとごとながら、少々気になるので考えてみよう。

基準として意外にもよく登場するのが、そば一杯の値段である。これには「時《とき》そば」という古典落語の影響が大きい。

「時そば」は元々は上方落語で、「時うどん」というネタが江戸で「そば」になったらしい。そば屋に勘定を支払うとき、「一文、二文…」と数え上げながら、一文銭をそば屋の主人の手のひらにのせていく。八文まで数えたところで、「今なんどきだい」と、たずねる。「九つで！」と主人が答えると、すかさず「十、十一、十二…」と勘定を続けて「はい十六文」。結果、一文得をするというお話だ。

江戸時代のそばやうどんの値段は、長らく十六文と相場が決まっていたそうだ。そこで、現代のそば一杯の値段を考える。とたんに、その現代価格はいろいろだとわかる。エイっとばかりに、たとえば四百円としてみよう。

一方、和算の問題のときにやった金相場によれば、一両は銀71.4匁であり、銭相場から銀8.9匁で千文だ。この相場で一両は、およそ八千二十二文になる。そば一杯は十六文。ということは、一両でおよそ五百杯のそばが食べられる計算だ。そこで一杯四百円なら、一両は二十万円である。

いよいよ財産の計算だ。二十万円に一万四千五百三十四両をかけると、何と約二十九億円。父はたいした財産家だった。

引算はこうする

【問　コンパス発明から何年?】
西洋でコンパスが発明されたのは、一三〇二年であった。アメリカ大陸の発見は、一四九二年であった。その差は何年か。

西洋にて磁針の発明は千三百〇二年に在り亜米里加の
創見は千四百九十二年に在り相距ること何年なるや
答曰百九十年

西洋にて磁針の発明は千三百〇二年に在り　亜米里加の
創見は千四百九十二年に在り　相距《あいへだた》ること　何年なるや
答曰　百九十年

問題自体は単なる引算でよい。答えは、百九十年である。原版では磁針となっているコンパスは、別名羅針盤ともいわれる。磁石で方角を知るこの道具の起源には、諸説があってはっきりしない。しかし、十一世紀頃までには中国で使用され、十二世紀から十三世紀頃にはヨーロッパにも伝わっていたようだ。では、この問題にある一三〇二年というのはいったい何か。すでに十四世紀になっている。

実はこの年、イタリアのフラビオ・ジョジャ（Flavio Gioia　生没年不詳）という人が、実用的な航海用の羅針盤を発明したという説がある。今では忘れ去られたような歴史のひとこまを、数学の問題が教えてくれた。

かけ算にも挑戦

【問　いったい何処の土地?】
間口七千四百三十八間、奥行き五百九十六間の土地がある。何坪になるか。

一箇の地面間口七千四百三十八間奥行五百九十六間あり坪数何程なるや
答曰四百四十三万三千〇四十八坪

一箇《こ》の地面　間口七千四百三十八間　奥行五百九十六間あり　坪数何程《なにほど》なるや

答曰　四百四十三万三千〇四十八坪

一間《けん》は約一・八一八メートルだ。そこで、間口《まぐち》が七千四百三十八間、奥行き五百九十六間とは、間口が約一三・五キロ、奥行き約一キロにもなる。

一辺の長さが一間の正方形の面積が一坪だ。そこで「間」の単位でかけ算すれば、坪数がそのまま出てくる。答は、四百四十三万三千四十八坪だ。

それにしても、広い長方形の細長い土地だ。いったい、どこなのだろう。四角い広い土地だから、道が碁盤の目になっている京都の街を、まっさきに思い浮かべた。京都御所だろうか？　しかし御所は、南北約四百五十メートル、東西では約二百五十メートルだ。それに対して問題の土地の長辺は一三・五キロもある。

そこでつぎに思いつくのが、アメリカの都市、ニューヨークだ。52番街なんていう名でもわかるように、格子状に道路が走る。しかも、日米修好通商条約の批准書交換のため、万延元年（一八六〇）に幕府の使節団が訪れている。

はじめは、セントラルパークかと思った。ところが広大な公園セントラルパークを持ってしても、南北約四キロ、東西は約八百メートルである。

地図で確かめてみると、どうやらマンハッタン島のセントラルパーク西側の北東から南西にのびるブロードウェイに沿った地域が、ほぼこの長方形と一致するように思える。これで細長い広大な土地の謎が解けたとしておこう。

そして最後は割算だ

【問　太陽まで汽車で何年かかる?】
地球から太陽までは、汽車で三十六万日かかる。一年を三百六十日とすれば、何年かかることになるか。

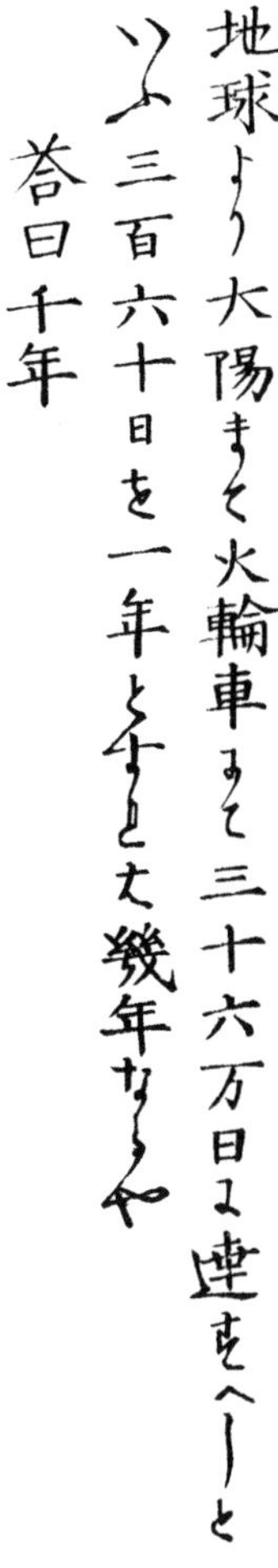

地球より大陽まて《で》　火輪車にて三六万日に達すへ《べ》しと
いふ　三百六十日を一年とすれは《ば》幾年なるや
　　答曰　千年

最後は割算の問題だ。

文中の「火輪車」は、当時の中国語で「汽車」のことだ。ちなみに今の中国語で「汽車」とは、自動車のことである。また、当時は「太陽」を「大陽」と書いている。

問題自体はこれも簡単で、三十六万日をを三百六十日で割ればよい。一年を三百六十日として計算をしやすくしている。地球から太陽までの距離を、一億四千九百六十万キロメートルとして、ここでいう火輪車のスピードを出してみた。時速およそ一七・三キロメートル。自転車程度のスピードでは、太陽まで千年かかるということだ。

神田が開成所で教えていた頃は、日本ではまだ鉄道は開通していない。まだ見ぬ火輪車を早いとみたのか、遅いとみたのか。

さて、汽笛の音が聞こえたところで、私たちのストーリーはいよいよ江戸時代にわかれを告げ、新しい明治の時代へと進む。大きく世の中がかわるとき、必ず、最後の戦いに挑むものたちがいる。

第七章　静岡の二つの学校

江戸城の開城

慶応四年（一八六八）八月十九日夜。出発命令を出した榎本武揚は、開陽丸《かいようまる》の甲板で、夜の品川の海を見つめながら、こうつぶやいたにちがいない。

「いよいよだ」

文久二年（一八六二）、幕府が開陽丸をオランダに発注したとき、榎本はオランダに留学した。その造船をつぶさに学び、完成後一緒に帰国した。幕府への引き渡しが、慶応三年（一八六七）四月。その船は、当時の最新最強の軍艦だったのである。

榎本は、開陽丸の艦上で、わずか一年たらずの出

TOWER AND MOAT OF TOKIO CASTLE.

明治初期の江戸城（東京城）

来事を思い起こしていただろう。

慶応三年（一八六七）十月、十五代将軍徳《とく》川《がわ》慶喜《よしのぶ》（一八三七—一九一三）が大政奉還《たいせいほうかん》を行ったあと、十二月には王政復古の大号令で、新政府が樹立される。幕府は最後の抵抗を行うものの、慶応四年（一八六八）一月、鳥羽伏見の戦いに敗れてしまった。そして三月には、勝海舟が新政府の西郷隆盛と会談して、江戸城は四月に明け渡された。それは、あっという間の出来事であった。

蝦夷への脱出

徳川家は、五月、駿府《すんぷ》つまり静岡に七十万石が与えられ、移封《いほう》となった。旧幕府海軍はこの大移動を手伝った。榎本は七月には、徳川慶喜を銚子から清水港まで軍艦で

Hakodadi from the Bay.

ペリー艦隊が視察に訪れた頃の箱館（函館）

送っている。

榎本は、徳川家の行く末が落ち着いたところで、蝦夷《えぞ》つまり北海道への脱走を試みるのだった。八百万石が七十万石となった徳川家。その家臣をすべて養うには駿府は狭く、不十分であった。そのため、新天地が必要だった。

榎本艦隊は、軍艦四隻、輸送船四隻の計八隻、総勢三千五百人の人々を載せて、品川沖をあとにした。艦隊の先頭は、もちろん開陽丸である。このとき開陽丸は、美加保丸という輸送船をロープで引っ張っていた。ペリーの四隻の黒船も、二隻の蒸気船が二隻の帆船をそれぞれロープで引っ張り日本にやって来ている。蒸気船が、遅い帆船を引っ張ることが多かったのである。開陽丸が引く美加保丸には、多くの兵士が乗船し、武器も大量に積み込まれていた。

徳川最後の戦い

ところが出発まもなく、榎本艦隊は暴風雨に遭遇する。開陽丸と結ばれたロープが切れ、二十六日夜、美加保丸は、銚子の犬吠埼《いぬぼうさき》から北へ二十二キロほどの黒生《くろはえ》海岸で座礁し沈没する。美加保丸から必死の思いで脱出した乗組員たちの中には、新政府軍に捕り、江戸に送られた人々もいた。

そして明治元年（一八六八）十一月、艦隊のシンボルであった開陽丸も、江差《えさし》沖で悪天候のために座礁し沈没する。主力軍艦を失った榎本たちは、箱館《はこだて》五稜郭《ごりょうかく》でろう城し最後の抵抗を試みる。しかし明治二年（一八六九）五月、新政府軍に降伏した。ここに本当の意味での江戸時代が終わり、新しい明治の時代が始まった。

静岡学問所が開校

榎本たちが最後の戦いを行っている間、明治元年（一八六八）夏頃から、徳川家の移住先に決まった駿府には、数多くの幕臣や徳川を慕う人々が移住を始めた。その数、家族もあわせると、四万人余ともいわれる。

あるものは東海道の陸路で、そしてあるものは海路、駿府へと赴いた。徳川家は、つぎの世は再び徳川の世にという意欲に燃え、まずは人材育成と、駿府に二つの学校を作ったのである。

まず、明治元年（一八六八）十月十五日、静岡学問所が開校する。当初は単に学問所あるいは府中学問

THE "TOKAIDO," OR PUBLIC HIGH ROAD.

多くの徳川家臣が東海道で静岡に移住した

所と呼ばれたこの学校の頭取には、向山黄村《むこうやまこうそん》（一八二六―一八九七）と津田真道《つだまみち》（一八二九―一九〇三）がなった。

向山は、明治二年（一八六九）六月に、駿府府中を静岡と命名したことでも知られる。昌平坂学問所の教官を経て、幕府の外国奉行やフランス公使ともなった人だ。

一方、津田は、開成所の教官であった。開陽丸発注のとき、榎本たちと一緒にオランダ留学した仲間である。実は、津田と当時同僚であった西周は、開成所からアメリカへ派遣される予定だった。ところが南北戦争となり、開陽丸発注のオランダ留学に合流したのである。

豪華教授陣の先進教育

静岡学問所には、津田のほか開成所から少なくとも七名もの教官が着任している。そして幕府の学問所本家、昌平坂学問所《しょうへいざかがくもんじょ》からも、中村正直《なかむらまさなお》（一八三二―一八九一）はじめ優秀な教官が多数着任している。中村は、着任の三ケ

SCHOOLHOUSE AT SHIDZ-U-O-KA.

静岡学問所の校舎

月前に英国から帰国したばかりだった。

静岡学問所は当時の日本で最高レベルの進歩的な学校であった。身分や貧富の差は関係なく、意欲あるものが入学できた。漢学はもちろん、英語、フランス語、オランダ語、ドイツ語などの原書を使って西洋文化を学ぶ「洋学」の授業もあった。

当時、人気のあった英語の教授陣も充実していた。咸臨丸が米国に行ったときの主席通訳だった名村《なむら》五八郎《ごはちろう》（一八二六―一八七六）、若くして開成所の教授となり英国に留学、のちに東京帝国大学総長や文部大臣となる外山《とやま》正一《まさかず》（一八四八―一九〇〇）などの名前が並ぶ。そして大量の書物が、開成所から運び込まれたのだ。これらの書物は現在、静岡県立中央図書館に葵文庫として保管されている。江戸の最高学府が、学校ごと静岡に移転してきたようなものだ。

そして静岡学問所の自慢がもう一つある。それは、理化学の講義や実験を行おうと、自前で外国人教師を雇ったことである。これには勝海舟が一役買い、福井藩の藩校にいた外国人教師ウィリアム・グリフィス（William Elliot Griffis 一八四三―一九二八）に、大学時代の友人を紹介してもらった。

外国人教師クラークも登場

「一八七一年十月二十五日、水曜日の早朝、蒸気船グレートリパブリック号の船室から、富士山が見えた」

そう自著に書いたエドワード・ワーレン・クラーク（Edward Warren Clark 一八四九―一九〇七）が横浜に着いたその日は、当時の日本の暦では、明治四年（一八七一）九月十二日であった。

クラークは、日露戦争の講和条約で有名となるアメリカ・ニューハンプシャー州ポーツマスで、一八四九年一月二十七日に生まれた。日本にきたときは、まだ二十二歳だった。

クラークは、東京の駿河屋敷で、勝海舟らの歓迎を受ける。勝が到着を知らせると、静岡学問所から、中村正直と人見《ひとみ》勝太郎《かつたろう》（一八四三―一九二二）が、クラークを迎えに横浜までやってきた。人見は、榎本艦隊に合流し、箱館で戦った人物として名前が知られる。その頃は、学問所の事務長的な立場になっていたのだ。

クラークは、中村たちに連れられて、東海道を陸路、静岡に到着した。それは、一八七一年十二月二日、明治四年十月二十日のことであった。

クラークは、横浜でひとりの日本人コックを雇った。静岡でクラークの身の回りの世話をしたこの人物こそ、ペリーの黒船に乗っていた、たったひとりの日本人だったのである。

黒船の日本人

ペリーの黒船に、日本人が乗っていたことはあまり知られていない。

クラークが雇ったそのコックの名前は、仙太郎（?―一八七四）といった。仙太郎は、嘉永三年（一八五〇）に遠州灘で遭難した樽廻船「栄力丸」の乗組員だった。栄力丸の十七名の乗組員たちは五十日あまり太平洋を漂流し、中国航路のアメリカ船に助けられる。

ちょうど、アメリカは日本に開国を迫ろうとしていた頃だった。救助した彼らを開国交渉の切り札にしようと、中国上海に送って待機させた。ところが彼らは、モリソン号で日本沿岸まで送り届けられながら、帰国できなかった音吉なる人物に説得され、上海でほとんど下船する。このとき、なぜか仙太郎だけが黒船に残され、ペリーと一緒に日本までやってきた。

しかし仙太郎は、死罪を恐れて下船せず、そのままアメリカへ去り、黒船の乗組員だったジョナサン・ゴーブル（Jonathan Goble 一八二七―一八九八）が宣教師となって日本まで送り届けた。安政七年（一八六〇）、漂流から十年後のこと

他の乗組員が降りてしまった当時の上海

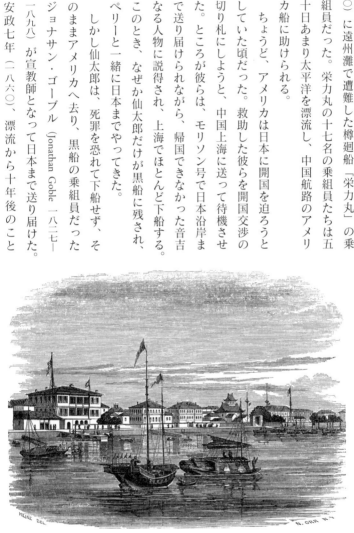

だった。

仙太郎はゴーブルに連れられ、和英辞書で有名なヘボン（James Curtis Hepburn 一八一五―一九一一）が住む神奈川の成仏寺にたどり着く。仙太郎はそれ以後、日本のアメリカ人社会の中で、使用人としてひそかに暮らし続けたのである。クラークが雇ったのは、そんな歴史のはざまに取り残された日本人だった。

ユークリッド幾何学の授業

クラークは最初、駿府城内の学問所から少し離れたお寺に住み、馬や馬車で通勤した。そのうち、道中の安全も考えて、城内に立派な洋風宿舎を作ってもらう。

クラークは、学問所では化学や物理のほか、英語やフランス語、そして幾何学を教えた。幾何学では「ユークリッド原論」を教科書にした。

THE NEW HOUSE ON THE CASTLE MOAT.

駿府城内のクラークの宿舎からは富士山が見えた

「ユークリッド原論」は、古代ギリシャ数学の集大成ともいえる本であり、西洋の科学的思想のルーツというべきものだ。その内容は、定義から始まり、AならばBであるという論理展開の繰り返しである。日本人には、まずは西洋式の論理トレーニングが必要だと彼は考えたのだ。

この日本初の西洋人による「ユークリッド原論」の授業を、ひときわ熱心に聞くふたりの「生徒」がいた。生徒というには少々、年を取りすぎていた彼らは、クラークの授業をつぶさに記録する。そのうちのひとりは、なんと理軒がよく知る人物だった。

理軒の友人川北朝鄰

その人物は、川北朝鄰《かわきたちょうりん》（一八四〇―一九一九）といった。川北は、天保十一年（一八四〇）、旗本中根氏に仕える家臣の家に生まれた。地元で算学の修行を積

THE NEW HOUSE IN THE CASTLE GROUNDS.

小屋の前の人物が仙太郎だとされる

み、文久四年（一八六四）に内田五観《うちだいつみ》（一八〇五―一八八二）の門をたたく。内田は、最高免状「印可」を持つ関流の公式継承者であった。入門に訪れた川北の実力を、内田は即座に高く評価した。

慶応元年（一八六五）、川北は主人に従い大坂に一年あまり滞在する。理軒と親しく交際するのは、この期間である。川北は、第二次長州戦争の幕府軍に参加していたのである。川北が大坂滞在中に仕上げた「算法開方通理」に理軒は序文も贈っている。

維新後、川北は、主人に従い静岡に移住した。そして明治三年（一八七〇）八月一日、満三十歳で、静岡学問所に入学する。しかしほどなく実力が認められ、翌年には静岡独自の小学校の教師に抜擢された。クラークが授業を行ったのは、それから間もない時期であった。

榎本艦隊山本正至ここにあり

クラークの授業を、ことさら熱心に聞いていたもうひとりの人物は、山本正至《やまもとまさし》（一八三五―一九〇五）であった。

山本は、天保六年（一八三五）、福島の二本松で生まれた。地元で算術を学んだあと、各地で修行を重ねる。下田では、ハリス（Townsend Harris 一八〇四―一八七八）の通訳であったヒュースケン（Henricus Conradus Joannes Heusken 一八三二―一八六一）から英語を学び、浦賀で、土屋《つちや》忠《ちゅう》次郎《じろう》（生没年不詳）から航海術や測量術を習った。土屋は長崎海軍伝習所の一期生で、技術士官の航海測量方要員だった人物である。

山本は、慶応四年（一八六八）一月には開陽丸に乗り、閏四月には、美賀保丸での乗務を始めた。そして山本は榎本艦隊に美賀保丸で参加していたのだ。美賀保丸が銚子で沈没したとき、山本はなんとか脱出できた。しかし新政府軍に捕まり、東京に送られて数十日も拘束され、釈放後、静岡に移住した。

最初は傘の製造や製塩と、職探しに苦労する。明治三年（一八七〇）、静岡独自の小学校ができたとき、その教師になることができた。翌年には、中学校の教師になった。彼もまた教師の身分で、クラークの授業を聞いていたのである。

日本初のユークリッド本

熱心なふたりの「生徒」、川北と山本は、クラークの講義をまとめて本にした。それは、「ユークリッド原論」を体系的に訳した日本最初の本となる。

版權免許明治八年十二月五日
亞國 格拉克先生口授
幾何學原礎 二冊
山本正至
川北朝隣 譯
文林堂發兌

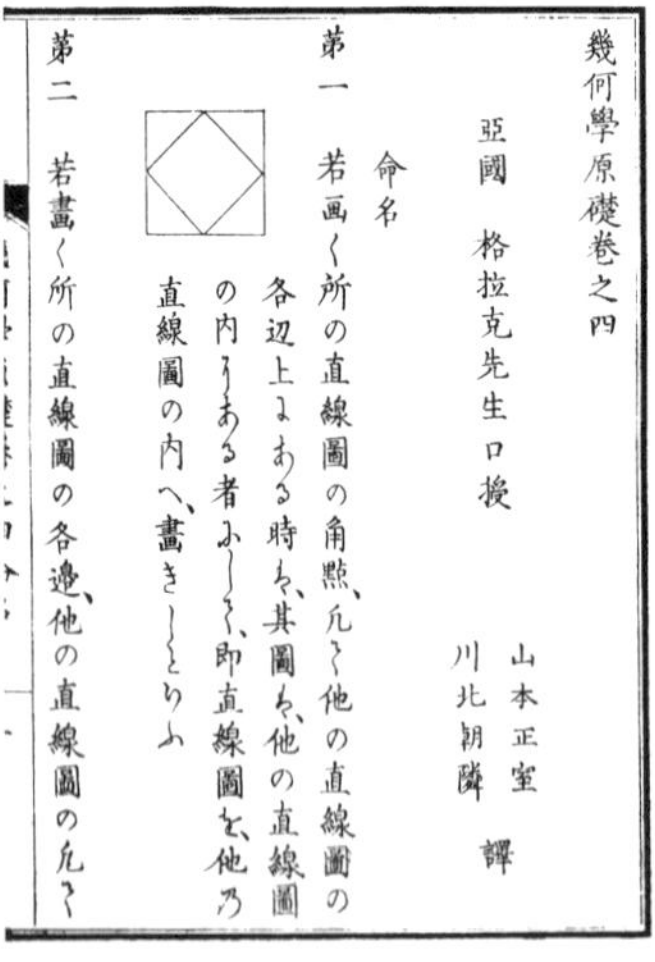
幾何學原礎卷之四
亞國 格拉克先生口授
山本正至
川北朝隣 譯
命名
第一 若画く所の直線圖の角點、凡て他の直線圖の各辺上にある時ハ其圖ハ他の直線圖の内にある者ふして即直線圖を他乃直線圖の内へ書きしといふ
第二 若畫く所の直線圖の各邊、他の直線圖の凡て

日本初のユークリッド本「幾何学原礎」

「幾何学原礎《きかがくげんそ》」は、明治五年（一八七二）四月に首巻から第五巻までが出版された。明治十一年（一八七八）に一巻が追加され、「ユークリッド原論」の第六巻までが揃う。表紙に「亜国格拉克先生口述」とあるのが面白い。

理軒を知る川北、榎本艦隊参加の山本、そしてペリー艦隊に乗った仙太郎とその主人エドワード・ワーレン・クラーク。彼らのダイナミックな人生が、ほんの一瞬接したとき、結晶のごとくその本は生まれた。「幾何学原礎」は、日本の数学史上で輝く星となる。

沼津兵学校に数学あり

徳川家が静岡で作ったもうひとつの学校。それは明治元年（一八六八）十二月創立の徳川兵学校であった。できたのが十二月だから、榎本たちはまだ箱館で新政府と戦っていた頃だ。何とも刺激的なその学校名は、さすがに明治二年（一八六九）八月、沼津兵学校となる。

沼津兵学校の頭取は、静岡学問所の津田真道と一緒にオランダ留学をした西周であった。留学仲間の津田と西が、静岡の二つの学校の頭取となったわけだ。沼津兵学校には開成所から、西をはじめ少なくとも十名の教官が着任している。

沼津兵学校の先進的な教育の中で、特に有名だったのが、数学教育である。その「沼津の数学」を支えていたのが、一等教授塚本明毅であった。

塚本は長崎海軍伝習所一期生だ。その後、佐藤政養のように江戸の軍艦操練所の教官を勤め、開陽丸にも乗務した。慶応四年（一八六八）一月六日、榎本武揚とともに大坂城に入り、港に戻ると開陽丸は徳川慶喜を乗せて江戸に向けて去っていた、という経験もした。

その後、軍艦頭並《ぐんかんかしらなみ》となる。しかし慶応四年（一八六八）閏四月、病気を理由に辞職。榎本艦隊には参加せず、徳川家の駿府移住が決まると、陸軍の移住事務を担当したという。そして徳川兵学校設立に際して、最高ランクの一等教授として招かれ、静岡へとやってきた。

塚本は明治二年（一八六九）、沼津兵学校の数学教科書として「筆算訓蒙《ひっさんくんもう》」を出版した。「筆算訓蒙」は、ベストセラーとなり、明治初頭の数学教科書の代表作として高く評価されている。そこで、沼津兵学校の数学教科書「筆

塚本明毅「筆算訓蒙」の扉

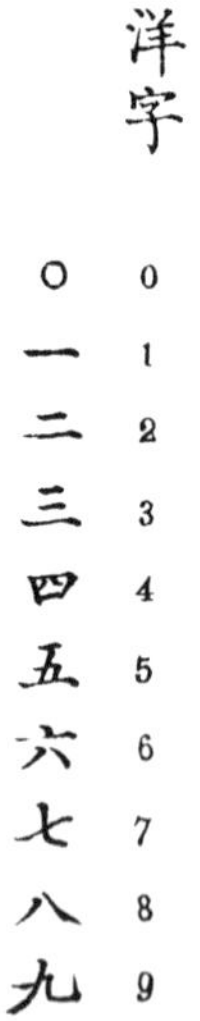

アラビア数字の紹介

算訓蒙」の問題を、じっくりと見てみることにしよう。

これが兵学校の教科書

まずは、例によって、アラビア数字の紹介だ。そして、位取りをしっかりと説明している。このあたりのていねいさが、教科書としての評価に結びつく。

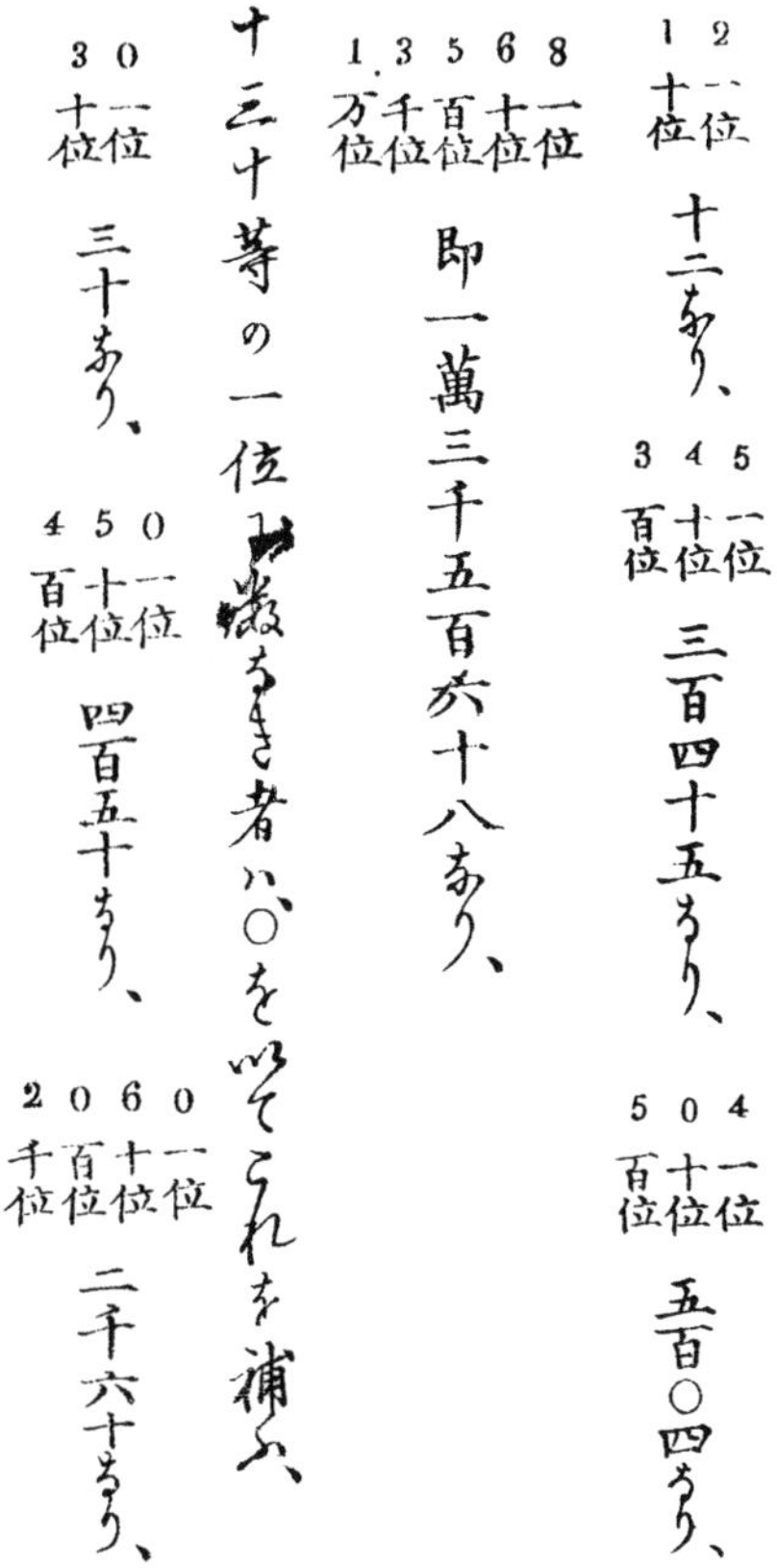

2 一位 1 十位　十二なり　5 一位 4 十位 3 百位　三百四十五なり、4 一位 0 十位 5 百位　五百〇四なり、8 一位 6 十位 5 百位 3 千位 1 万位　即《すなわち》一万三千五百六十八なり、二十三十等の一位に数なき者《もの》は、〇を以《もっ》てこれを補《おぎな》ふ、0 一位 3 十位　三十なり、0 一位 5 十位 4 百位　四百五十なり、0 一位 6 十位 0 百位 2 千位　二千六十なり、

わずか十種類のアラビア数字を、位取りの方法によって並べるだけで、どんな数でも表現できる。これが、インド発祥の西洋数学のもっとも優れたところだ。このポイントを、塚本はしっかりと解説している。

計算だって親切だ

数の書き方の基本が終われば、お決まりの四則計算だ。たし算、引算、かけ算、割算の順に、筆算のやり方をステップ・バイ・ステップで解説する。例題をピックアップしてみよう。

たし算、引算、かけ算については、現代の筆算の書き方と基本的にかわらない。しかし割算では、右端の方式のほか「別式」「又一式」と、合計三種類の割算の筆算が並べられている。現在、日本でよく使われる形式が書かれていないのが逆に面白い。

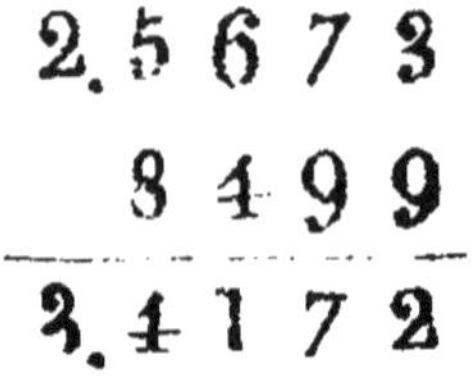
たし算の例題（25673＋8499＝34172）

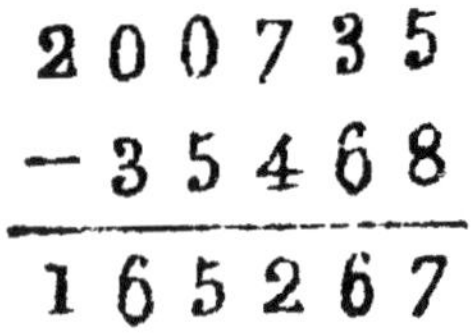
引算の例題（200735－35468＝165267）

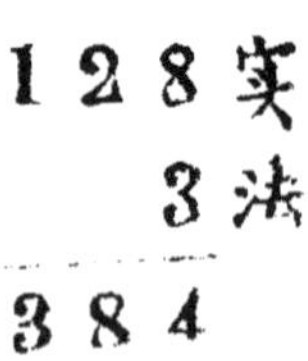
かけ算の例題（128×8＝384）

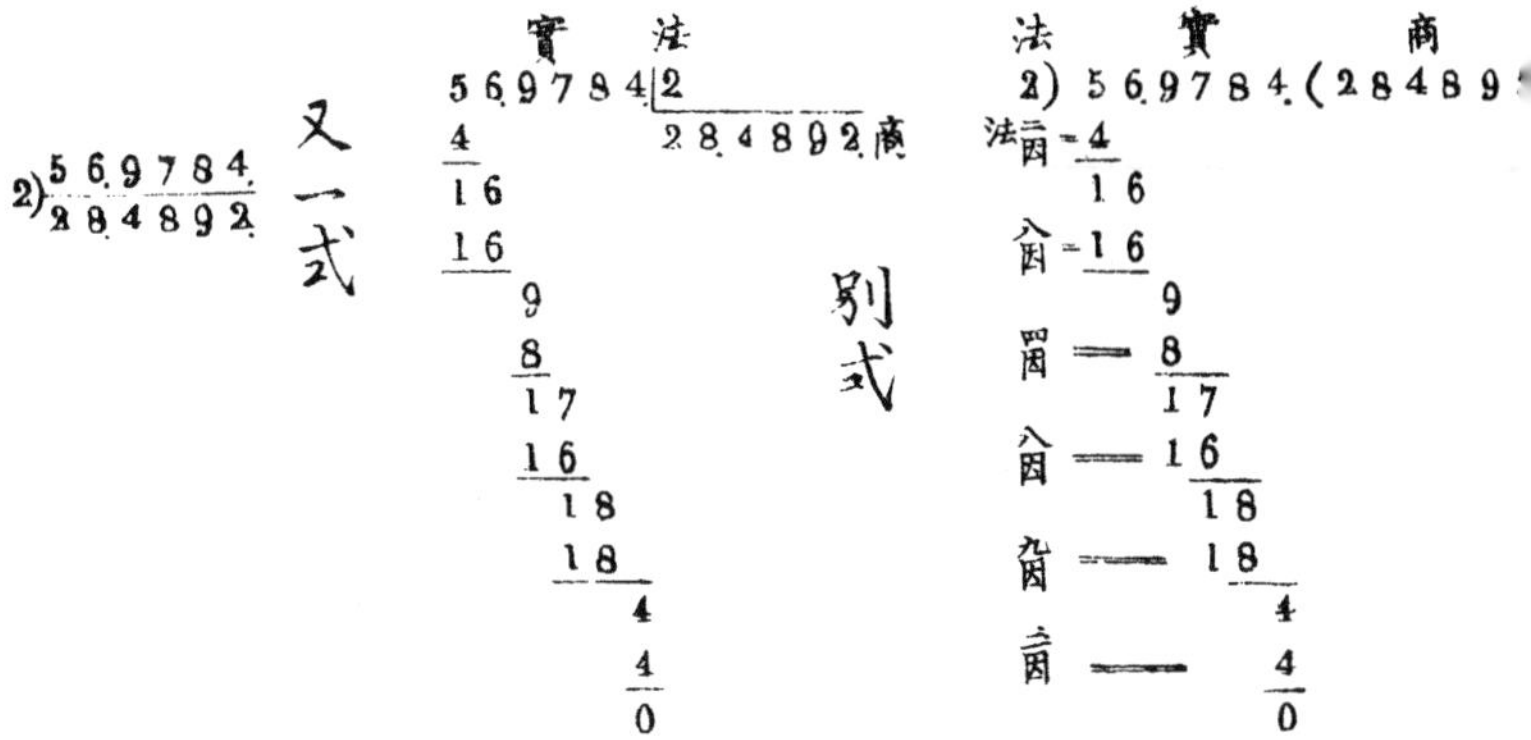

割算の例題（569784÷2＝284892）

「筆算訓蒙」では、加減乗除から分数、比例式の計算までを、教育的配慮のもとでていねいに解説している。やはりこの「ていねいさ」が、人気の理由だろう。そしてもうひとつ、各節の筆算の解説後にある文章題。これが結構、面白い。

江戸時代の女子の数

【問　江戸時代の人口】
文化元年（一八〇四）の日本国の人口は、男女十五歳以上の者が、二千五百六十二万千九百五十七人だった。ただしここで、武家は計算に入れていない。このうち男子は、千三百四十二万七千二百四十九人だった。女子の人数を求めよ。

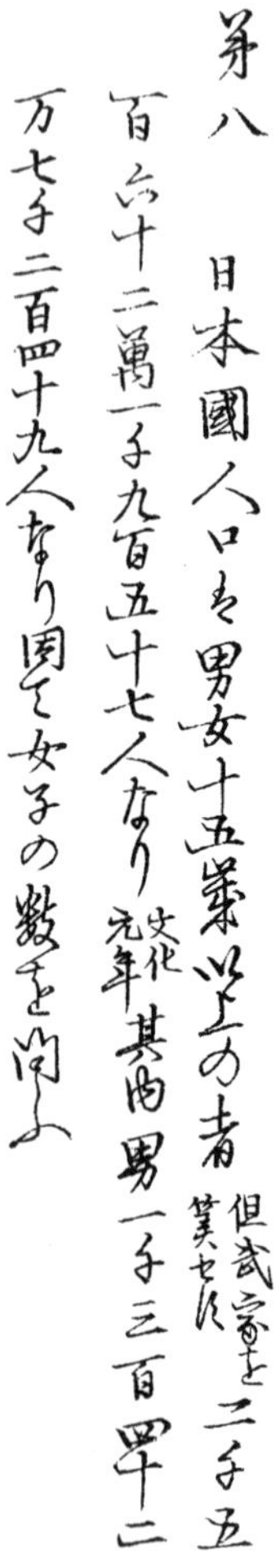

第八　日本国人口は　男女十五歳以上の者　但《ただし》　武家を算せす《ず》　二千五百六十二万一千九百五十七人なり　文化元年　其内《そのうち》男一千三百四十二万七千二百四十九人なり　因《よつ》て女子の数を問ふ

要するに、総人口と男子人口がわかっていて、女子人口を求めよという、いたって簡単な引算の文章題だ。しかしこんなデータがあるとは、静岡には、人だけでなく、数多くの幕府の文献や資料も引っ越したというわけだ。

答えは、「女子一千二百十九萬四千七百〇八人」、つまりは「12194708人」で、男子の「13427249人」より少ないことが注目に値する。

それにしても、江戸時代の十五歳以上の人口は、二千五百万人程度というから、意外と少なかったわけだ。ところがひとつ不思議なことがある。「ただし武家を算せず」の注釈だ。武士やその家族は計算に入っていないのである。

幕府が各藩に命じて行わせたこの調査で、幕府側の一番知りたかった情報は、各藩の生産能力だったにちがいない。そこで「生産のための労働力」でない武家は入れなくてよかったのかもしれない。

それでは、当時の日本の食料生産はどうであったか。米の生産量を扱う問題から見てみよう。

【問　お米の生産量】

日本のお米の生産量は、元禄年間には、二千五百七十八万六千九百二十九石《こく》六斗《と》四升《しょう》五合《ごう》八勺《しゃく》で、天保十一年には、三千四十三万五千三百六石〇斗二升八合二勺となった。いくら増えたか？

第十二　日本國収納米を算するに元禄年中ハ二千五百七十八万六千九百二十九石六斗四升五合八勺なり、天保十一年に至てハ三千〇四十三万五千三百〇六石〇斗二升八合二勺なり今其増すに幾何なるや、

第十二　日本国収納米を算するに、元禄年中は二千五百七十八万六千九百二十九石六斗四升五合八勺なり、天保十一年に至《いたり》ては　三千〇四十三万五千三百〇六石〇斗二升八合二勺なり、今其《いまその》増すに幾何《いくばく》なるや、

こんなに正確に、全国の米の生産量がわかったんだろうかと思う。復習すると、一石＝一〇斗＝一〇〇升＝一〇〇〇合で、勺は合の十分の一ということである。

面白いのは、生産労働者人口が二五百万人程度だったから、ほぼ同じ、二千五百万石程度のお米がとれたということだ。一人あたり年間約一石を生産していることになる。現代風に一日三食、一食に一合食べるなら、一人の人間は一日に三合の米を消費する。年間にすると、365×3＝1095合となり、およそ一石である。武家や十五歳未満の人数分が入っていないのだから、日本全体としてはその分だけ今よりも質素な食事が求められたことになる。

さて、数学としては引算のみだ。答えは「4648376.3824石」だから、「四百六十四万八千三百七十六石三斗八升二合四勺」である。この増産は、新田開発の成果であろう。

ろう城計画を立てる

【問　ろう城できるのは何人?】
千五百人の兵でろう城するのに、一日一人あたり玄米を五合四勺ずつ支給するとして、七ケ月間分の食料を備蓄している。今、この備蓄量で十五ケ月間ろう城しようと、丈夫で元気な兵だけを選んで残し、支給する玄米を一日一人あたり四合二勺に減らした。どれだけの兵を残し、どれだけの兵を帰らせたのか。

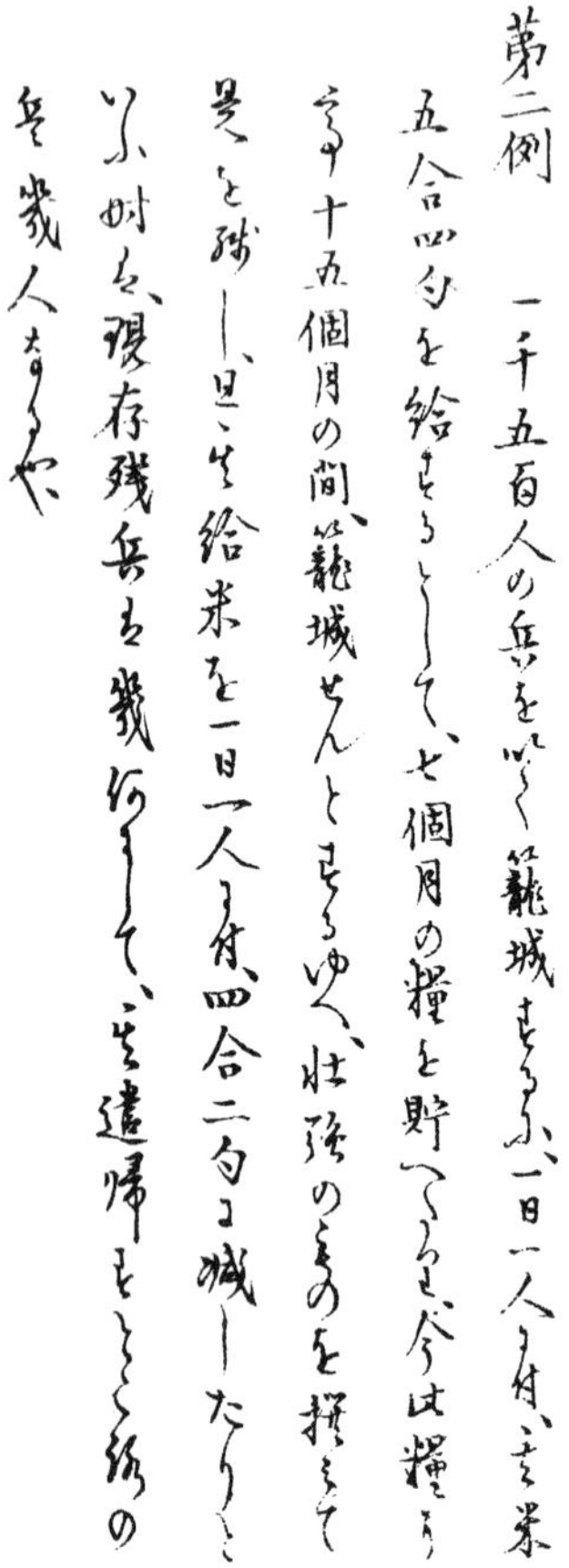

第二例　　一千五百人の兵を以《もっ》て籠城するに、一日一人に付、玄米五合四勺を給するとして、七個月の糧を貯へたり、今此《この》糧に　高《たか》十五個月の間、籠城せんとするゆへ《え》、壮強のものを撰《えら》みて是を残し、且其《かつその》給米を一日一人に付、四合二勺に減《げん》し《じ》たりといふ時は、現存残兵は幾何にして、其遣帰《そのけんき》すとこ路《ろ》の兵　幾人なるや、

会津若松や箱館五稜郭での戦いを思い起こさせる題材である。書かれた時期からすれば、ほんの少し前の生々しい出来事だ。数学的には、比例式なので少々難問であろう。

ろう城に使う米の備蓄量の総量は、七ヶ月の場合も十五ヶ月の場合も同じである。米を、合の単位で考え、五合四勺なら5.4合、四合二勺なら4.2合として、式を立てる。

「備蓄量」＝5.4合×1500人×「1ヶ月の日数」×7ヶ月＝4.2合×「ろう城兵の数」×「1ヶ月の日数」×15ヶ月

これを「ろう城兵の数」イコールに直す。「一ヶ月の日数」は両辺にあるので約分されて消えるから、

「ろう城兵の数」＝（5.4×1500×7）÷（4.2×15）＝900

つまり、十五ヶ月の場合なら、九百人でろう城することになる。もともとの兵は、千五百人だから、引算すれば帰した兵の数が出る。

「帰した兵の数」＝1500人－「ろう城兵の数」＝1500－900＝600

選ばれて城に残った兵が九百人。帰らされた兵が六百人である。

ヨーロッパの軍事情勢

幕府が集めた資料をもとに、海外の軍事情勢を知らせる問題もある。明日を担う若者たちに、世界情勢を知らせようというわけだ。

【問　ヨーロッパの軍艦の数】
つぎの表は、ヨーロッパ列国の海軍のデータである。蒸気船と帆船のそれぞれの合計とそれらをあわせた総合計を求めよ。

国名	現代語訳	蒸気船	帆船
英吉利	イギリス	471	69
法蘭西國	フランス	340	136
魯西亜	ロシア	258	62
荷蘭	オランダ	58	81
澳地利	オーストリア	59	58
是班牙	スペイン	78	35
意太里	イタリア	94	12
普路斯	プロシア	39	59
瑞典	スウェーデン	38	282
土耳基	トルコ	11	57
丁抹國	デンマーク	29	11
葡萄牙	ポルトガル	11	23
希臘國	ギリシア	8	24
比利時	ベルギー	3	4

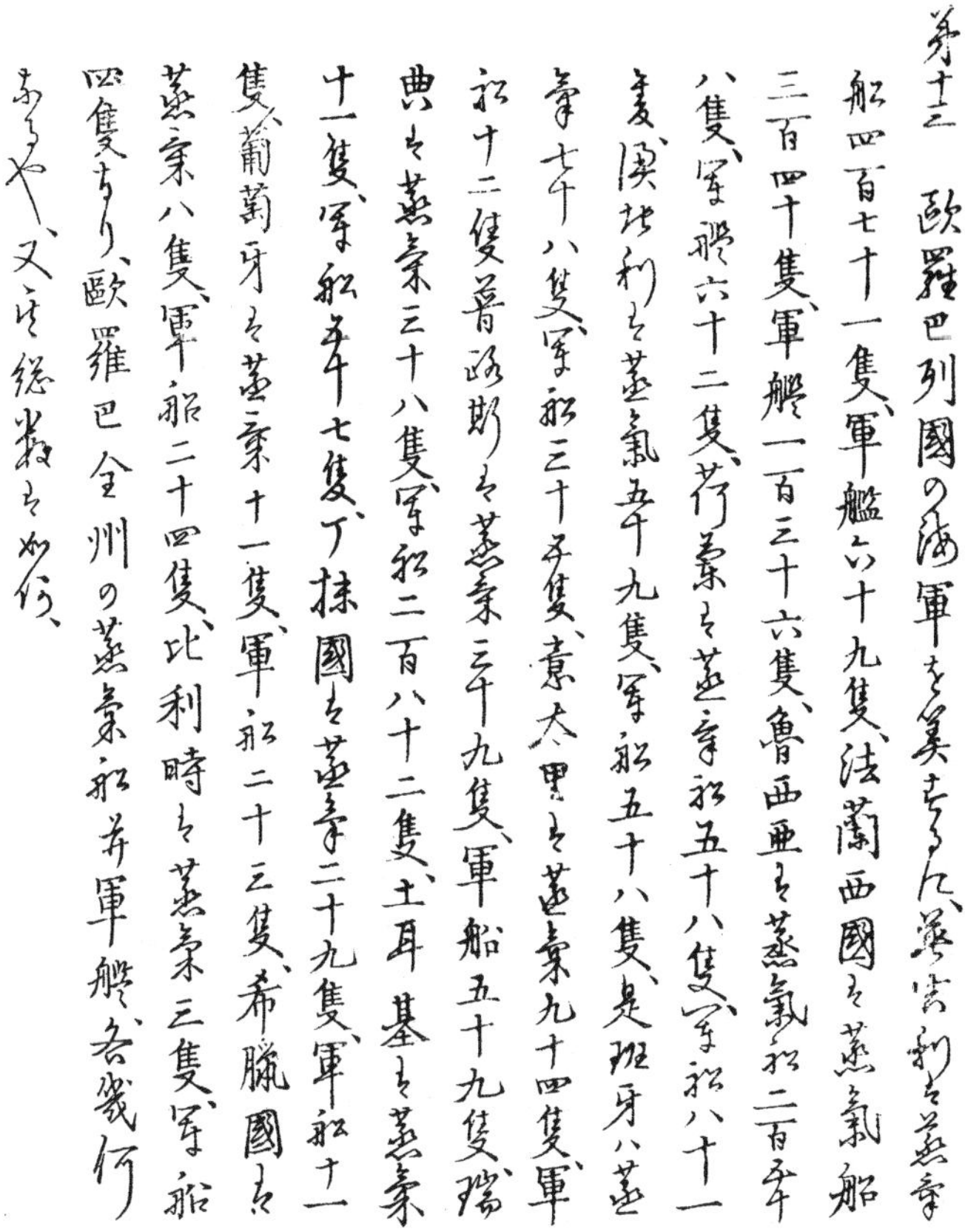
第十三　歐羅巴列國の海軍を算するに、英吉利ハ蒸氣船四百七十一隻、軍艦六十九隻、法蘭西國ハ蒸氣船三百四十隻軍艦一百三十六隻、魯西亜ハ蒸氣船二百五十八隻、軍艦六十二隻、荷蘭ハ蒸氣船五十八隻、軍船八十一隻、澳地利ハ蒸氣五十九隻、軍船五十八隻、是班牙ハ蒸氣七十八隻、軍船三十五隻、意太里ハ蒸氣九十四隻、軍船十二隻普路斯ハ蒸氣三十九隻、軍船五十九隻、瑞典ハ蒸氣三十八隻軍船二百八十二隻、土耳基ハ蒸氣十一隻、軍船五十七隻、丁抹國ハ蒸氣二十九隻、軍船十一隻、葡萄牙ハ蒸氣十一隻、軍船二十三隻、希臘國ハ蒸氣八隻、軍船二十四隻、比利時ハ蒸氣三隻、軍船四隻なり、歐羅巴全州の蒸氣船并軍艦、各幾何なるや、又其總數ハ如何、

第十三

欧羅巴列国の海軍を算するに、英吉利は蒸気船四百七十一隻、軍艦六十九隻、法蘭西国は蒸気船三百四十隻、軍艦一百三十六隻、魯西亜は蒸気船二百五十八隻、軍艦六十二隻、荷蘭は蒸気船五十八隻、軍船八十一隻、澳地利は蒸気五十九隻、軍船五十八隻、是班牙は蒸気七十八隻、軍船三十五隻、意太里は蒸気九十四隻、軍船十二隻　普路斯は蒸気三十九隻、軍船五十九隻、瑞典は蒸気三十八隻、軍船二百八十二隻、土耳基は蒸気十一隻、軍船五十七隻、丁抹国は蒸気二十九隻、軍船十一隻、葡萄牙は蒸気十一隻、軍船二十三隻、希臘国は蒸気八隻、軍船二十四隻、比利時は蒸気三隻、軍船四隻なり、欧羅巴全州の蒸気船并《ならびに》軍艦、各《おのおの》幾何なるや、又其《その》総数は如何《いかん》、

ヨーロッパの軍艦の数についての計算問題である。原版が長い文章になっているので、ここではそれらを表にまとめてみた。文中に漢字で表されている国が、今のどこなのか考えるだけでもクイズになりそうなので、その答えも表に入れた。

ただひとつ、原版では船の定義があいまいだ。ここでは、「蒸気船」とあるのが蒸気で走る軍艦、単に「軍艦」あるいは「軍船」とあるのは通常の風で走る「帆船」と解釈しておく。ハイブリッドの自動車を特別に「ハイブリッド」といい、通常のガソリン車を単に「自動車」という感じであろう。

ペリーの黒船からおよそ十五年後の本である。ヨーロッパ列強の海軍が所有する蒸気船は一四九七隻、帆船は九一三隻だった。そしてその総数は、二四一〇隻と計算できる。このデータを見た沼津兵学校の生徒は、日本を列強に負けないように強くすることが大切と実感したことだろう。

だんだんと、「筆算訓蒙」は、単なる数学の本ではないことがわかってくる。塚本は、自然科学の知識も紹介し、当時の若者たちの好奇心を刺激する。

これがリンネの生物分類

【問　動物の種類をカウントしよう】

西洋の学者リンネは、世界中の動物の種類をカウントした。ほ乳類は二百三十種、飛《ひ》禽《きん》類は九百四十六種、水陸に住むものは二百九十二種、魚介類は四百四種、無血虫は三千六十種、昆虫類は千二百五種あるという。動物の種類の総数を求めよ。

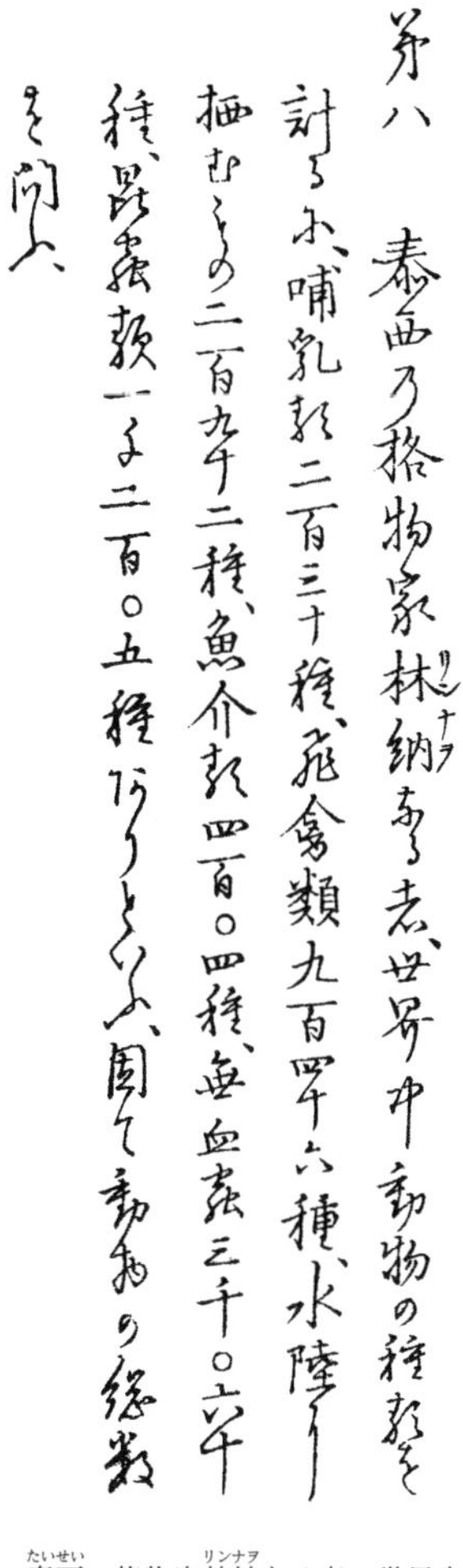

第八　泰西《たいせい》の格物家林納《リンナヲ》なる者、世界中動物の種類を計るに、哺乳類二百三十種、飛禽《ひきん》類九百四十六種、水陸に栖《す》むもの二百九十二種、魚介類四百〇四種、無血虫三千〇六十種、昆虫類一千二百〇五種なりといふ、因《よっ》て動物の総数を問ふ、

問題文の中で、「林納」とあるのは、カール・リンネ（Carl Linnaeus 一七〇七―一七七八）のことである。リンネは、生物分類学の父と呼ばれるスウェーデンの学者で、生き物を属と種の組み合わせで命名する方法を考案した。問題になっている動物の分類よりも今では植物分類のほうが有名だ。

この問題では、リンネの分類をもとに、動物は何種類あるのかということをが問題となっている。なお、「無血虫」は、軟体動物やサンゴなどを含んだ比較的幅の広い「その他」的なグループのことである。

数学としては単なるたし算だ。動物の種類の数は、六千百三十七種類となる。

「世界にはこんなにいろいろな動物がいるのだ」と生物の多様性を示し、若者たちの視野を拡大させようというわけだ。さらにこんな問題もある。

世界の陸地面積

【問　地球の陸地の面積】

地球上の大陸は五つに分けられて、アジア州は「輿《よ》地《ち》里《り》法《ほう》」で、八十四万八千九百八十方里、ヨーロッパ州は十七万九千七百八十六方里、アフリカ州は五十四万五千六百三十八方里、アメリカ州は六十六万八千八百三十六方里、オーストラリア州は十八万一千二十方里である。今、五大陸の面積の合計はいくらか。

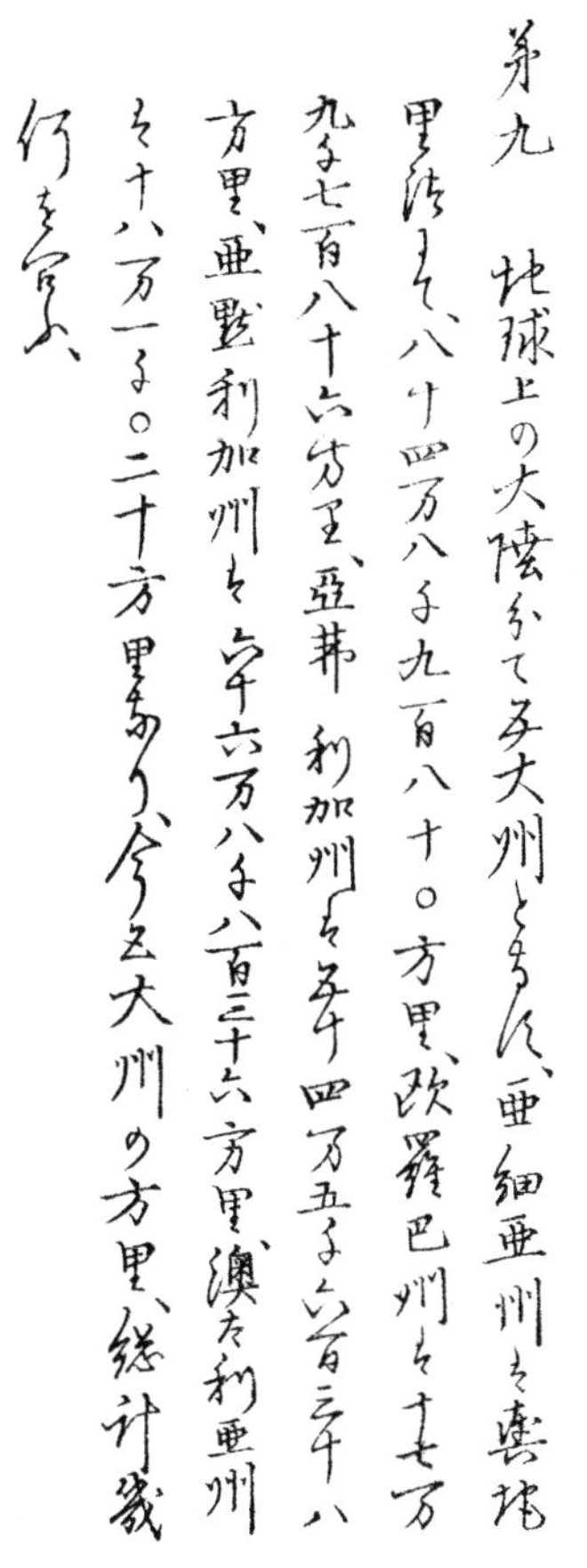

第九　地球上の大陸　分《わき》て五大州となす、亜細亜州は輿《よ》地《ち》里法にて、八十四万八千九百八十〇方里、欧羅巴州は十七万九千七百八十六方里、亜弗利加州は五十四万五千六百三十八方里、亜黙利加州は六十六万八千八百三十六方里、澳太利亜州は十八万一千〇二十方里なり、今五大州の方里、総計幾何を問ふ、

問題中に「輿地里法《よちりほう》」というかわった単語がある。

麻田剛立の弟子高橋至時の教えを受けた伊能忠敬が作った地図は、「大日本沿海輿地全図《だいにほんえんかいよちぜんず》」といった。この「輿地」とは大地や地球のことである。「輿地里法」とは、当時の地図の専門家たちが使った距離の単位で、この「1里」は「約7.407㎞」であった。地球のひとまわりを360度としたとき、一度の長さの「15分の1」、つまり六十分法の分《ふん》で「4分」にあたる距離である。

同じような地球の大きさを基礎にした長さの測り方に、「1海里」（ノーティカル・マイル）がある。船の世界でよく使われるこの「海のマイル」は、今では航空会社のマイレージで使われている。

地球のひとまわりを360度とするところまでは同じ。ところがこちらのマイルは、1度の長さの「60分の1」つまり「1分」にあたる距離を「1海里」としている。「1海里」つまりマイレージの1マイルは、「約1.852㎞」となる。

「1海里」は地球の「1分」の長さ、「輿地里法の1里」は地球の「4分」の長さというわけだ。

問題では、面積なので「方里」という単位を使っている。これは、一辺が一里の正方形の面積だ。平方キロメートルに換算すれば、

「1方里」＝「1里」×「1里」＝7.407㎞×7.407㎞＝約54.86平方キロメートル

となる。

問題としては、これまた単にたし算をすればよい。なお、「アメリカ州」は、南北のアメリカ大陸の合計。南極大陸は、まだ含まれていない。計算してみよう。

848980＋179786＋545638＋668836＋181020＝2424260

地球の陸地の総面積は、「二百四十二万四千二百六十方里」となる。

この答えを、平方キロメートルになおすと、約一億三千三百万平方キロメートルとなる。これは、南極大陸を除いた現代のデータとほぼ一致する。

地球を考えたあとは、宇宙に飛び出してみよう。

【問　太陽からの光の速さ】
光の速度は、一秒間に輿地里単位で四万二千里である。今、地球と太陽の間の距離は、二千七十万六千里である。太陽からの光は、何秒で地球に届くか？

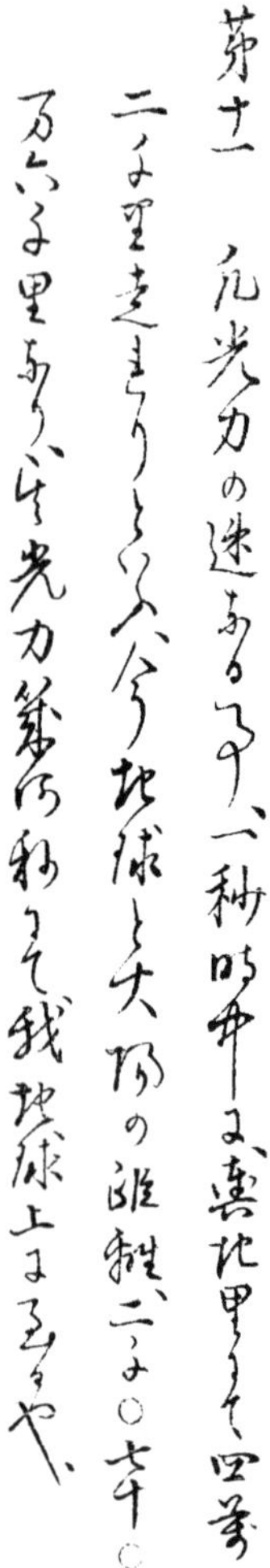

十一　凡《およそ》光力の速《すみやか》なる事《こと》、一秒時中に、輿地里にて
万二千里走れりといふ、今地球と大陽の距離、二千〇
十〇万六千里なり、其《その》光力　幾何秒にて　我地球上に
るや、

幕末明治の段階で、光の速度や太陽までの距離が、かなり正確にわかっていたというのが驚きだ。輿地里四万二千里は、一里が七・四〇七㎞だったから、

42000里×7.407＝311094km

となる。現代人が測った二十九万九千七百九十二・五㎞、約三〇万キロという光の速さと、ほぼ同じである。また、地球から太陽までの距離も、

20706000里×7.407＝153369342km

となるから、現代の天文知識、平均一億四千九百六十万㎞と、さほどかわりがない。
数学の問題としては、太陽までの距離を、光のスピードで割算すればよい。

20706000里÷42000里＝493秒

だから、八分一三秒が答えである。
念のため、現代のデータで計算してみよう。

149600000km ÷ 299792.5km ≒ 499秒

こちらは、八分一九秒となった。

第八章　理軒の新しい学校

エアポケット

大政奉還から文明開化の花が咲くまでの数年間。それは歴史の中のエアポケットのような時代であった。古き時代が終わり、人々は新しい時代に対処しようと誰もが試行錯誤していた。

静岡では、理軒の「友人」がユークリッドの原論を本にし、幕府海軍の出身者が西洋数学を見事に教えた。では同じ時期、大阪の理軒は、いったいどうしていたのだろうか。実は明治維新によって、理軒の運命もまた、大きくかわっていたのである。

理軒は、二田の争論で土御門家の小出兼政に師事するようになり、その七年後の天保十三年（一八四二）十月、土御門家お召し抱えとなった。この二十五年以上も前の出来事が、理軒の維新後の運命をかえたのである。

土御門家の復権

土御門家といえば、幕府に天文方ができるまでは、日本の天文暦道の中心的存在だった。宝暦暦《ほうりゃくれき》のときに、一時主導権を取り返したかに見えた。しかしできあがった暦は、麻田剛立の指摘した日食が記載されないなど、不備の目立つものだった。その修正のために、麻田剛立や高橋至時、間重富が活躍することになる。

慶応四年(一八六八)一月、鳥羽伏見の戦で幕府の崩壊が決定的となって、新政府が動き出すと、当時の土御門家の総帥、土御門《つちみかど》晴雄《はるお》(一八二七—一八六九)は、二月一日、天文暦道の土御門家への権限委譲を願い出る。そして、久我中納言から口頭で許可されたのだ。幕府は王政復古ですでになく、天文方も消滅していた。土御門晴雄は、混乱期にうまく立ちまわった。そのあと、新政府への予算請求が認められているので、これが公式許可となっている。天文暦道の主導権は、再び土御門家に委ねられることになる。

理軒スタッフになる

土御門晴雄は、さっそく実務部隊のスタッフを門下から集めることにした。このとき、理軒も暦等御用掛となったのである。翌年の明治二年(一八六九)一月九日、理軒は行政官治河《ちが》測量御用となり、今の京都府八幡《やわた》市付近の測量に短期間従事した後、再び暦等御用掛となる。

ところが、明治二年(一八六九)十月六日、土御門晴雄が満四十二歳の若さで亡くなってしまうのである。あとを継いだ養子の土御門《つちみかど》晴栄《はれなが》(一八五九—一九一五)は、当時まだ満十歳であった。

もともと「権限委譲はまずかったかな？」と考え始めていた新政府は、このタイミングで、天文暦道の権限を政府に取り戻そうと行動を始めた。

明治三年（一八七〇）二月十日、天文暦道局なる行政組織が設置された。公的な受け皿が作られたわけだ。そして五月十七日、土御門家から推薦のあった土御門晴栄をはじめとする三十一名は、その組織の天文歴道御用掛として任命される。もちろん理軒もメンバーのひとりに選ばれた。しかしこのとき予算当局は、推薦されたメンバーの多さに驚いたという。土御門家からの権限奪回の動きが加速する。

天文暦道再び政府に

明治三年（一八七〇）六月二日。新政府は、関流の「総本家」内田五観を天文歴道御用掛として任命する。中立的な内田を中心に、メンバーを再編成しようとしたのであろう。六月二十三日には理軒は、東京勤務を命ぜられた。そしてほどなく京都にあった天文暦道局が東京に移転する。

八月二十五日、組織の名称も星学局と改組され、取締が改めて任命される。閏十月、京都に残っていた星学局出張所が廃止され、十二月九日には土御門晴栄が解任された。こうして、天文暦道の主導権は、新政府に完全に戻ったのである。

理軒はめまぐるしいこの一連の動きの中でも、つねに幹部として扱われている。明治四年（一八七一）、藩士出身の優秀な若手が加えられ、日本の天文暦道をリードする星学局取締役は、九名となる。理軒はそのひとりであった。

こんな事情から理軒は、明治三年（一八七〇）六月以来、東京に住んでいたのである。

和算と洋算のハイブリッド

明治四年（一八七一）のある日のこと、星学局に勤め、東京の不忍池《しのばずのいけ》のほとりに住む理軒のもとに、息子の半が花井静（生没年不詳）と本屋の萬青堂の主人を連れてきた。花井静は「測量集成」などを手伝った花井健吉（一八二一―？）の息子である。

「半さんが、西洋数学の原稿を持ってこられましてね」

「がんばっとりますからなあ、西洋数学…」

「実はこの本の出版に、理軒先生のご協力をお願いできませんか？」

明治三年八月二十五日
星學局督務
内田五観
星學局取締
澁川孫太郎
小林六藏
福田理軒
皆川従六位
水間喜藤太
伊藤龍之進

明治三年八月二十五日に任命された星学局取締

明治四年正月
拝命之記
内田五観（六十七・和算）
小林六藏（三十九・天文方）
澁川孫太郎（三十四・天文方）
皆川亀一（六十二・陰陽寮・土御門家・署名目付六月）
伊藤龍之進（六十二・宮司・土御門家）
福田理軒（五十七・和算・土御門家）
日和佐良平（三十八・徳島藩・土御門家）
古山誠（四十八・仙台藩・土御門家）
稲川秀五郎（三十八・静岡藩・天文方）

星学局取締の年齢と出身母体（明治四年）

こんなきっかけで誕生したのが、九万部のベストセラーとなった「筆算通書《ひっさんつうしょ》」である。この本は、西洋数学のエッセンスをふんだんに取り入れた先進的な本として定評がある。

理軒の息子半は、父と同じく明治二年（一八六九）二月に治河局測量御用となった。そしてこのときは、新橋横浜間の日本初の鉄道建設に従事していた。師匠である佐藤政養の引きにちがいない。

佐藤は、維新後しばらくはそのまま大阪で海防の仕事をしたのち、明治二年（一八六九）十一月、民部省に入る。明治三年（一八七〇）三月十九日に鉄道掛となり、明治四年（一八七一）八月二十三日には、鉄道担当部局の次官である鉄道助となる。佐藤は、日本の鉄道建設のリーダーのひとりとなる。

西洋数学のパイオニア

半は鉄道の測量に従事する間、建設のためにやってきた英国人測量技師、ジョン・イングランド（John England 一八二四—

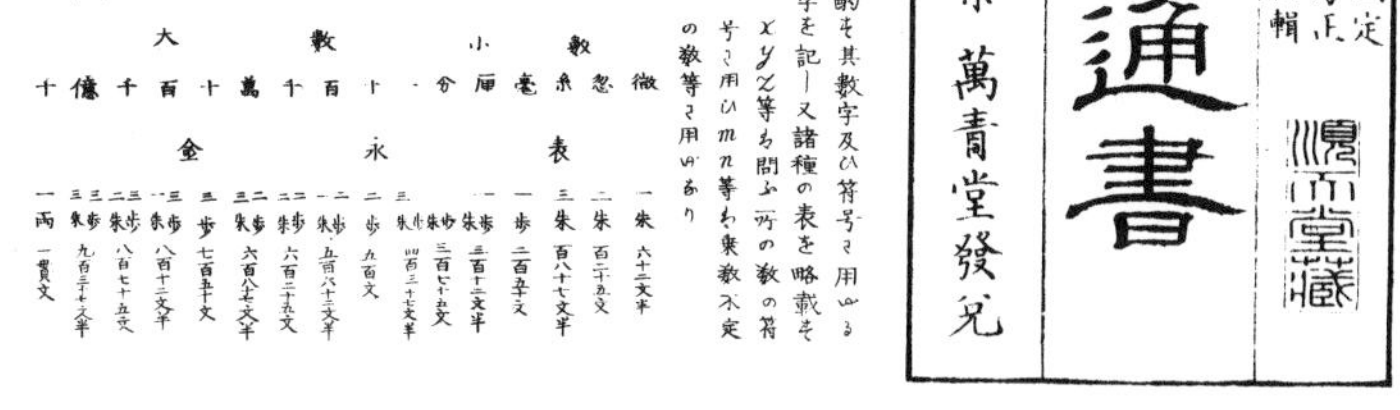

筆算通書の冒頭の記号説明（左）と扉

一八七七）に西洋式の測量術や数学を学ぶチャンスを得た。やはり外国人の専門家に教えてもらうと、モチベーションがあがったにちがいない。イングランドに師事した明治三年（一八七〇）七月から明治五年（一八七二）二月までの間、半は、「筆算通書」以外にも数多くの西洋数学の本を手がけているのだ。たとえば、微分積分を紹介しようと企画した「代微積拾級《だいびせきじっきゅうやっかい》訳解」である。明治四年（一八七一）冬に、福田理軒閲註、福田半訳解として、まず最初の部分が出版された。タイトルに「微積」の名前がある草分け的な本だ。

この本は、アメリカのルーミス（Elias Loomis 一八一一―一八八九）の「解析幾何学と微積分学の基礎」（Elements of analytical geometry and of the differential and integral calculus）が原書である。同じ本を中国では、ワイリーと李善蘭の有名コンビが中国語に翻訳し、「代微積拾級」として出版。このとき、「微分積分」という訳語が生まれた。

半がこの本を執筆しているとき、あの日本初の西洋数字教官、神田孝平は自分の翻訳原稿を、親切にも貸してくれたという。神田と福田家の信頼関係がうかがえるエピソードである。

さらに半は、オランダ式測量を佐藤から学び、英国式測量をイングランドから学んだ経験をもとに、西洋式測量の本も準備する。日本初の西洋式測量学の教科書といえるその本「測量新式」は、明治五年（一八七二）に出版された。

西洋式の数学や測量学を猛勉強し、その成果をつぎつぎとかたちにする半の姿に、父理軒は目を細めたことだろう。そして、理軒の脳裏に、あるプランが浮かんだのだった。

理軒のチャレンジ

「これからは教育も、東京やないとあかん！」

心の中に、こんな声が響いたのだろう。理軒は、明治四年（一八七一）九月、星学局を辞めて、新しい時代の理想の学校づくりに全力をあげることにしたのである。

その年の七月に文部省ができて、星学局はその配下となり、十月には文部省天文局へと衣替えする。理軒はそのタイミングで退職した。度重なる組織変更に嫌気がさしたのか、西洋の暦にかえることがすでに固まっていて、あまりやる仕事もないと判断したのか…

実際、文部省天文局は、明治七年（一八七四）二月に廃止される運命にあった。留まるよりも、人生最後のチャレンジへの時間をつくりだすほうを選んだのだ。理軒はもう五十七歳になっていた。

順天求合社の創立

明治四年（一八七一）九月、理軒は東京に新しい塾を創設する。東京の塾の名は、順天求合社《じゅんてんきゅうごうしゃ》。場所は、神田区中猿楽町《かんだくなかさるがくちょう》四番地である。現在の東京都千代田区神田神保町《かんだじんぼうちょう》二丁目二番付近である。地下鉄神保町駅A2出口とA3出口のちょうど中間ぐらいの靖国通りの北側にあたる。

東京での順天求合社設立は、実質的には大阪から東京への塾移転である。理軒は、東京でどんな塾を開きたかったのか。移転の三ヶ月後、明治四年（一八七一）十二月に出版された「筆算通書」の巻末に、新しい塾の理念が書かれている。「筆算宇宙塾」と題したその案内を見てみよう。そこには、壮大なプロジェクトの趣旨が説明されていた。

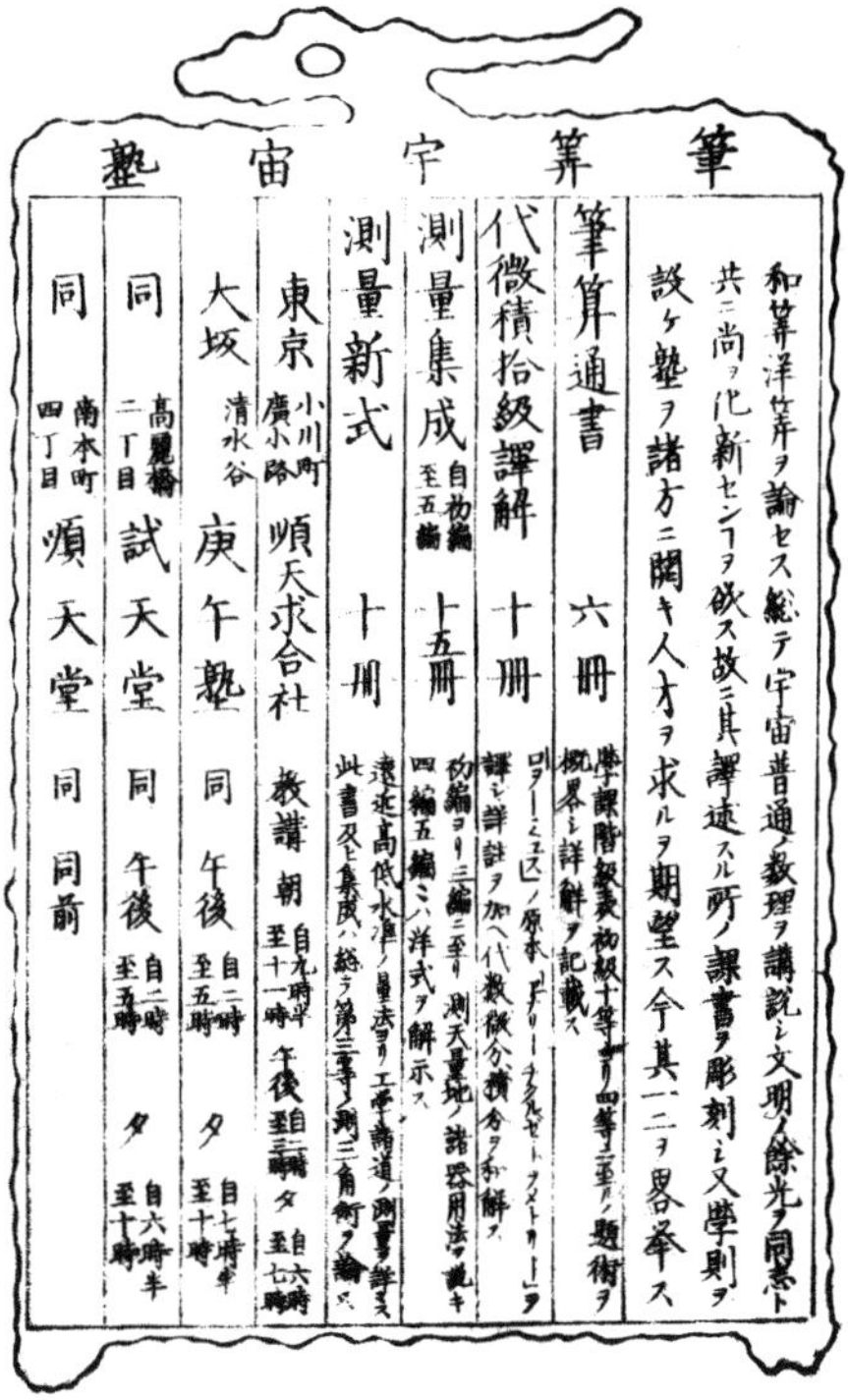

筆算宇宙塾

和算洋算を論せず《ぜず》　総《すべ》て宇宙普通の数理を講説し文明の餘光《よこう》を同志と共に　尚《しよう》を化新せんことを欲す故に其訳述する所の課書を彫刻し　又《また》学則を設け塾を諸方に開き人方を求るを期望す　今其《いまその》一二を略挙す

筆算通書　六冊　学課階級表　初級十等より四等に至るの題術を概略し詳細を記載す

代微積拾級訳解　十冊　「ロヲーミュス」の原本「エナリーチクルゼーヲメトリー」を訳し　詳註を加へ《え》　代数、微分、積分を和解す

測量集成　自初編　至五編　十五冊　初編より三編に至り　測天量地の諸器用法を説き　四編五編には洋式を解示す

測量新式　十冊　遠近高低水準の量法より　工学諸道の測量を詳《つまびらか》にす　此書及《び》び集成は総て第三等の測三角術を論す《ず》

東京　小川町広小路　順天求合社　教講　朝自九時半至十一時　午後自二時至三時　夕自六時至七時

大坂　清水谷　庚午塾　同　午後自二時至五時　夕自七時半至十時

同　高麗橋二丁目　試天堂　同　午後自二時至五時　夕自六時半至十時

同　南本町四丁目　順天堂　同　同前

つまりは、「和算洋算の区別なく、宇宙の普遍の真理である数学の研究と教育を行い、新しい文明を一緒に創造しよう！」ということだ。そして、その実現のために、東京の順天求合社を本部にして、全国各地に塾をつくり、同じカリキュラムで同じ教科書を使う「筆算宇宙塾」の全国展開が、理軒の夢だったように思える。

その趣旨のあとには、出版されている教科書一覧がある。「筆算通書」「代微積拾級訳解」「測量集成」など、すべて理軒が関係した自前のオリジナルだ。そのあとに塾の一覧がある。すでに四校の「チェーン店」があるというわけだ。

筆頭にあるのは、本部となる東京の順天求合社である。場所は「小川町広小路」とある。アクセスがわかりやすい「通りの名前」で示されている。大阪には、三つの塾があり、弟子にまかせた順天堂塾の名前もある。それぞれの塾の開講時間帯も添えられている。

開講科目の一覧は？

つぎのページには、統一のカリキュラムが示されている。

學課階級表

十等 加、減、乘、除、 分數
九等 正、轉合、轉合、聯絞、諸比例 杉併法
八等 自二乘至數乘求根法 同雜題
七等 代數 加、減、乘、除、 分數 諸乘方 括弧 最大公約法 変商
六等 代數 方程式
五等 代數 平方立方諸乘方題 測學諸題
四等 代數 諸約翦管不定數題
三等 測三角術 八線変化 正斜平三角 正斜弧三角
二等 微分 招差 綴術 増損約 極數 重學
一等 積分 面積 体積 重学
別課 陸地測量 航海測量 曆理 星學
此課ハ三等ノ法術迄研究ノ後從學ヲ許ス可シ

学課階級表
十等 加、減、乗、除、 分数
九等 正、転、合、転合、聯絞、諸比例 杉併法
八等 自二乗至数乗求根法 同雑題
七等 代数 加、減、乗、除、 分数 諸乗方 括弧
最大公約法 変商
六等 代数 方程式
五等 代数 平方立方諸乗方題 測学諸題
四等 代数 諸約翦管不定数題
三等 測三角術 八線変化 正斜平三角
正斜弧三角
二等 微分 招差 綴術 増損約 極数 重学
一等 積分 面積 体積 重学
別課 陸地測量 航海測量 暦理 星学
此課は三等の法術迄研究の後 従学を許す可《べ》し

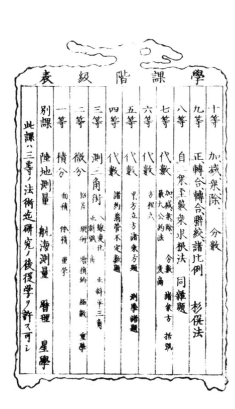

一番下の十等から、加減乗除や分数、比例、方程式から図形問題、三角関数をやってから、微分積分になだれ込むという、まさに現代の小学校から高校までの数学教育の流れになっている。ほんの数年前は江戸時代で、和算の世界なのだから、このカリキュラムは当時としては画期的なものだ。しかも今のように、似た内容を中学や高校、また高校数学の科目間で、部分的に重なりながら進めるのでなく、十等から一等まで一気に直線型で学習できるので効率的だ。

別科の陸地測量、航海測量、暦や天文は、理軒の研究テーマというべきものだから、課題研究か大学の専門科目的な存在だ。たしかに別科は、三等まで学んだあとで受講が許可されるとある。

ただ、「測量集成」や「筆算通書」が教科書にあげられていることからわかるように、具体的な教科書のコンテンツは、和算の伝統を引き継いでいる面がみられる。理軒の独自のカリキュラムは、先進的な西洋数学の研究を柱に、それまでの和算の伝統的な教材をミックスさせた内容だったといえるだろう。

理軒は、このようなカリキュラムで、数学の初歩から応用までを集中的に学べる「数学の専門学校」の設立をめざした。東京の順天求合社を本部にして、全国にチェーン展開しようと大きな夢を持ったのである。

ついにきた学制発布

明治五年（一八七二）八月、新しい塾を始めたばかりの理軒にとって予想外の展開が起きる。「学制《がくせい》」

が発布されたのである。新政府による国をあげての新しい教育制度がスタートしたのだ。学制は、その「法律」と教育システムの両方を示す言葉と考えればよい。

学制では、全国を八つの学区にわけた。そして各学区に大学を一校設置する。その学区内には、三二校の中学を作り、それぞれの中学の下に二一〇校の小学校を置く。大学を中心としたピラミッド型の教育制度である。

そして教員の資格や教える内容まで定め、全国一律の教育を実施するものであった。その取り仕切りは、中央政府の文部省が行なった。まさに中央集権型の教育制度が開始されたのである。

学制は、理軒の学校計画を直撃するものだった。いくら優れたカリキュラムでも、それは理軒個人が考えたものだ。全国一律の国の公的教育とは相容れないものである。しかも、理軒が教育しようとしていた数学の内容は、全国一律に始まる学校教育の中にすべて取り込まれることになる。

さらに、学制の第二七章が追い打ちをかけた。そこには、小学校低学年で学ぶべき、科目が決められていた。その九番目の科目として算術つまりは数学があげられ、つぎのように書かれていたのである。

「九々　数位　加減乗除　但洋法ヲ用フ」

算数で教える内容は、「かけ算の九九、数字の位取り、加減乗除、ただし、洋法を使用する」というわけだ。理軒の塾のアピールポイントであった西洋数学が、なんと小学校から全国展開されることになったのである。

学制は、理軒の新しい学校計画の前に、大きく立ちはだかった。理軒の算術のマーケットは、学制発布で、完全に消滅してしまったといえる。

友人たちの明治五年

ちょうどその頃、理軒の友人たちもまた、大きな時代の波の中にあった。

江戸時代に日本初の数学教官となった神田孝平。維新がなければ、開成所で教授職を続けていたことだろう。しかし神田は、新政府から真っ先にお声がかかった三人の学者のひとりとなる。福澤諭吉《ふくざわゆきち》（一八三五*―一九〇一）、柳河春三、神田孝平。その三人の中で神田だけが新政府の誘いに応じたという。

明治四年（一八七一）十一月、神田は兵庫県令、つまり今の知事に任命された。神田は廃藩置県で生まれた兵庫県の基礎作りに活躍していたのである。

理軒の息子半の師匠、佐藤政養はどうなったか。明治五年（一八七二）の夏、佐藤は、長年の夢であった測量学の本「測量《そくりょう》三角惑問《さんかくわくもん》」を出版する。三角関数を使う図形中心の測量学の問題集だ。自序が明治元年（一八六八）となっているから、鉄道建設の激務の合間にコツコツと完成させたのであろう。

そして、明治五年（一八七二）九月十二日。九日の予定が雨で順延となったこの日、新橋横浜間の日本初の鉄道の開業式が行われた。このとき佐藤は、明治天皇から労をねぎらわれ、日の丸の軍扇《ぐんせん》を贈られたという。

かつて、神奈川か横浜かで開港地が議論されたとき、佐藤は横浜の地形的有利を勝海舟に進言した。それが決定を左右したといわれ、佐藤は今では横浜開港の父と呼ばれることがある。ここにきてまたひとつ、「鉄道の父」という二つ目の父の名を得たようだ。

そんな鉄道開業式の一週間後。明治五年（一八七二）九月十九日。ある男が今では聞き慣れない、権大《ごんだい》外史《がいし》という役職の辞令を受けた。

いよいよエースの登場だ

権大外史なるその役職を命じられた人物とは、あの名著「筆算訓蒙」の著者、塚本明毅であった。塚本は、沼津兵学校で西周の後任の頭取をつとめた後、中央政府に引き抜かれて、東京に戻っていたのである。そしてその任務といえば、明治の改暦だったのである。

理軒たちが星学局で検討していた西洋の暦への改暦が、いよいよ実行されることになった。そこで数学や暦に通じたエースとして、プロジェクトの最後の詰めをまかされたのが塚本だったのだ。

改暦のタイムリミットは迫っていた。着任したのが明治五年（一八七二）九月。そのわずか三ヶ月後の十二月には、新しい暦をスタートさせなければならなかった。

こんな大改革、普通なら何年も前から予告があってもよさそうなものだ。新政府が改暦を急いだ背景には、実はこんな理由があった。

一年は十三ヶ月？

明治の新政府の公務員の給料は、すでに月給制になっていた。ところが月給制にすると、実に不都合なことがおきた。それは当時の暦では、一年が十二ヶ月の年と十三ヶ月の年があったのだ。十三ヶ月の年には、十三回も公務員に月給を支払わなければならなかったのだ。

なぜ、十三ヶ月の年があるかというと、当時の日本では、月の満ち欠けで一ヶ月を決めた。新月から新月、満月から満月までの周期は、約二九・五日である。そこで十二ヶ月だと、一年は、「29.5×12」で三五四日しかないことになる。ところが太陽のまわりを地球が一回転する周期は、約三六五日である。そこで月の満ち欠けをもとにした十二ヶ月だと、一年に十日ほど、季節がずれるのである。三年たてば、三〇日、つまりは一ヶ月分も季節と暦のずれができる勘定だ。そこで、十九年に七回、一年が十三ヶ月の年をつくって調節していたのである。

たとえば、五月のあとが六月でなく、閏《うるう》五月という追加の閏月を挿入するわけだ。実は明治六年は、この閏月がある十三ヶ月の年にあたっていた。

二ケ月分が浮く名案

もし、明治六年（一八七三）から西洋の太陽暦を採用するなら、明治六年の月給は十二回となり、一ヶ月分の給料支払いがなくなる。さらによいことに、明治五年十二月三日が一八七三年一月一日だった、そこで今、暦をかえてしまえば、明治五年十二月は、一日と二日のたった二日間となる。

「たった二日で、月給はないよね」

「はあ…」

「十二月分の給料もナシだな…」

「でも、文句出ませんかね？」

「うん、よし、いい考えがある。今年の十一月は二十九日までだ。だから、十二月一日と二日を、十一月三十日と三十一日にしてしまおう！」

「それはいい考えですね！」

明治五年十一月、塚本は手順として、まずは自分で改暦の建議書を書く。そしてその建議を受けたかたちの詔《みことのり》の草稿を書いたとされる。こうして、明治五年十一月九日、天皇による改暦の詔が発せられた。

そして、十二月一日、二日を十一月にしてしまう件はというと、詔の直後、明治五年十一月二十三日付の太政官布告第三百五十九号により、「十二月一日二日を、十一月三十日と三十一日にする」との命令がでた。ところが異論が出たのだろう。翌日の二十四日、やっぱりやめたと取り消されている。急な改革での政権内部の混乱がうかがえる。

しかし結局、十二月分の給料は支払われなかった。財政事情が極度に悪化していた新政府にとって、明治六年での改暦は、合計二ヶ月分の公務員給与の支払い分が浮いてくる絶好のチャンスだったのである。

この改暦での塚本の実行力は、高く評価された。長崎海軍伝習所で鍛えられ、数学や暦学にも精通した塚本だからこそ、可能であったプロジェクトマネージメントであろう。発表から実施までわずかに一ヶ月。発表の翌月十二月の三日は、明治六年（一八七三）一月一日となった。

そしてこの改暦のとき、時刻の数え方も新しくなっている。江戸時代の時刻は、日の出と日の入りを境にして、夜昼をそれぞれ六等分し、一時《いっとき》として数えていた。だから数える間隔が季節によって変化した。昼の「いっとき」は、夏に長く、冬は短かった。これを一日を均等に二十四等分する現在の時刻にかえた。グレゴリオ暦で日を知り、時、分、秒で時刻を測るという、まさに西洋流の時間《とき》がやってきたのである。

解説本のスピード出版

理軒は、この改暦によっても大きなダメージを受けた。理軒のお家芸のひとつであった日本独自の暦を作る知識と技術は、単に西洋の暦に合わせるだけとなれば、何の役にも立たなくなる。

しかし理軒は前もって準備していたのだろう。改暦発表のタイミングで、新しい暦をわかりやすく解説する本をちゃっかり出版する。

「太陽暦俗解《たいようれきぞっかい》」。花井静と仕上げたその本は、明治五年（一八七二）十二月官許で、発行は明治六年（一八七三）一月一日とある。改暦の発表から、わずか一ヶ月で完成したことになる。早くから、西洋の天文学や暦を研究し、星学局に勤めていた理軒だからこそできた早業であろう。

「太陽暦俗解」では、太陽を中心にそのまわりをめぐる地球の図があり、暦との関係を詳しく説明している。もちろん、日食や月食のしくみなども紹介する。

新暦の解説本「太陽暦俗解」

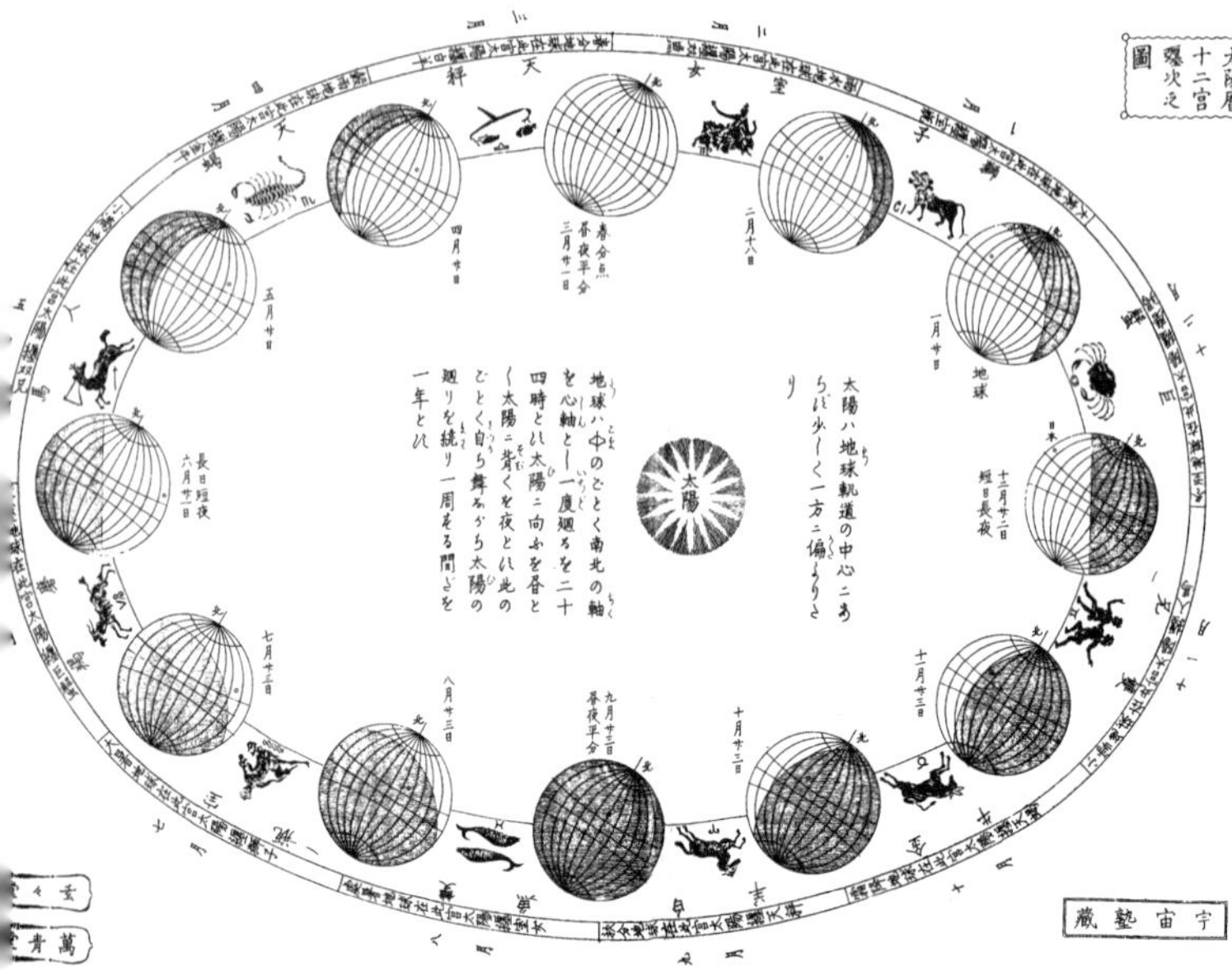

太陽は地球軌道の中心にあらず　少しく一方に偏《かた》よりたり
地球はこま（図参照）のごとく南北の軸を心軸とし　一度廻るを二十四時とす　太陽に向ふを昼とし　太陽に背《そむ》くを夜とす　此のごとく自《みずか》ら舞《まい》ながら　太陽の廻りを繞《まわ》り　一周する間《あい》だを一年とす

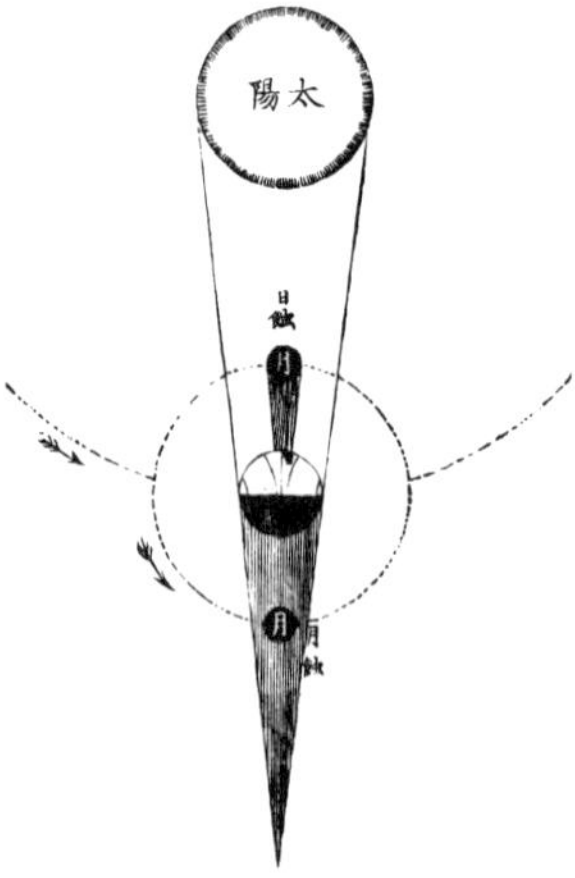

日食と月食の解説

改暦後のトラブル

ところがのちに、西暦一九〇〇年、明治三十三年が近づくと、この改暦の重大な問題点が明らかになる。布告では、それまでの月の満ち欠けをベースにした太陰暦をやめて、太陽ベースの太陽暦にすること、四年ごとに一日多い閏年を作ることなどは書かれていた。ところが採用した太陽暦が、グレゴリオ暦との明記がなかったのである。

実は、単に「四年に一度が閏年」だけでは、ユリウス暦なのだ。ローマ時代にできたユリウス暦は、この単純ルールのために長年のうちにずれを起こした。そこで一五八二年、つぎのようなルールを加え、グレゴリオ暦ができた。

「四で割り切れる閏年も、百で割り切れるなら平年とする。ただし四百でも割り切れるなら閏年のままとする」

つまり、百年ごとに閏年を平年とし、四百年ごとに閏年のままにする。四回中三回を平年にするルールである。そこで、西暦一九〇〇年は、百で割り切れて、四百で割り切れないから「閏年」でなくて「平年」とすべきなのだ。

この肝心のルールが布告では明示されていなかった。そこで西暦一九〇〇年つまり明治三十三年が近づくと、平年か閏年かで議論が沸騰した。何と言っても、一日ちがってくるから重大問題だ。

このとき政府は、「布告の太陽暦とは「グレゴリヤン」暦なること明白なり。因《より》て明治三十三年は「グレゴリヤン」暦法に拠《よ》りて平年とすべきこと当然なるべし」という強気の見解で乗り切ろうとした。しかし結局は、閏年の具体的な年や例外的なルールが布告にない不備を認めざるを得なかったのである。明治三十一年（一八九八）五月十日、あらためて抜けていたルールを追加する勅令を発布した。何とも不格好な結末となったわけである。

ところが理軒は「太陽暦俗解」の中で、西暦一九〇〇年は平年であると、例をあげて具体的に明記しているのである。

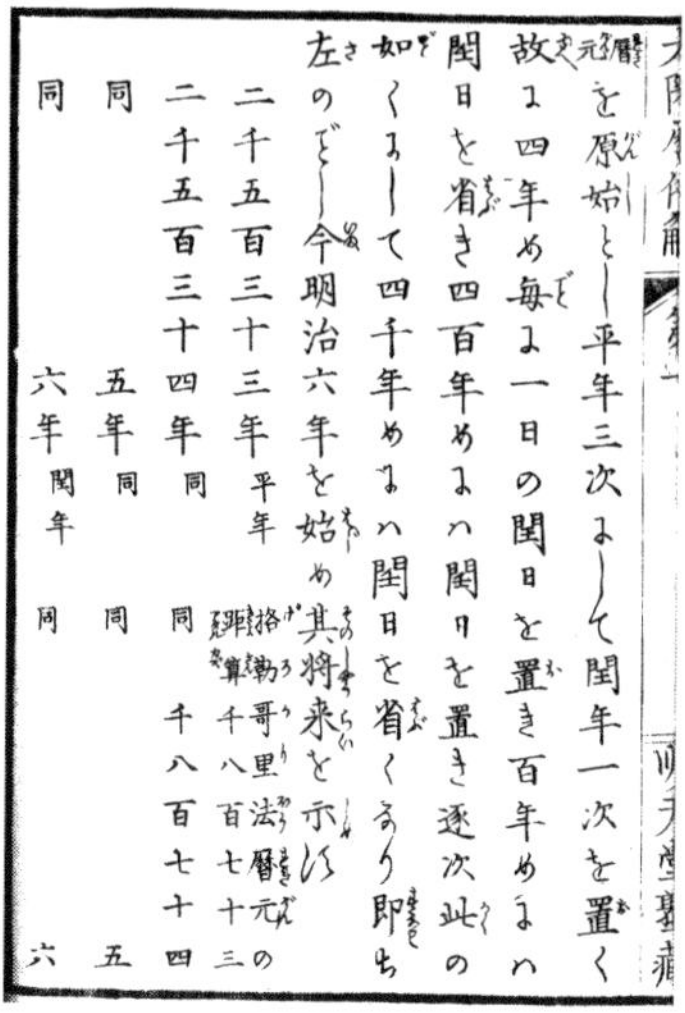

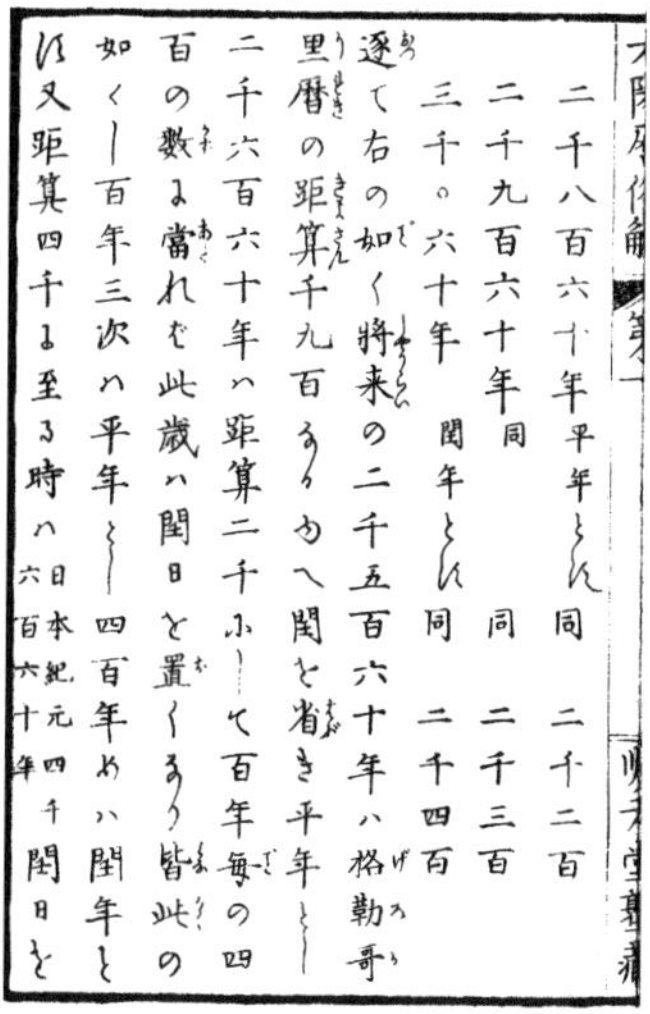

暦元《れきげん》を原始《げんし》とし　平年三次にして閏年一次を置《お》く　故《ゆえ》に四年め毎《ごと》に一日の閏日を置《お》き　百年めには閏日を省《はぶ》き　四百年めには閏日を置き　逐次此《かく》の如《ごと》くにして　四千年めには閏日を省《はぶ》くなり　即《すなわ》ち左《さ》のごとし　今《いま》明治六年を始《はじ》め其将　来《そのしょうらい》を示《しめ》す

二千五百三十三年　平年　格勒哥里法暦元《げろかりほうれきげん》の距《きょさん》／算《あたるかず》　千八百七十三

二千五百三十四年　同　同　千八百七十四

同　五年　同　同　五

同　六年　閏年　同　六

（途中ページ略）

二千八百六十年　平年とす　同　二千二百

二千九百六十年　同　同　二千三百

三千〇六十年　閏年とす　同　二千四百

逐《お》て右の如《ごと》く　将来の二千五百六十年は格勒哥里暦《げろかりれき》の距算千九百年なるゆえ閏を省《はぶ》き平年とし　二千六百六十年は距算二千にして百年毎《ごと》の四百の数《かず》に当《あた》れば此歳は閏日を置くなり　皆此《みなかく》の如くし百年三次は平年とし四百年めは閏年とす　又距算四千に至る時は　日本紀元四千六百六十年　閏日を（「省《はぶ》き平年とす…」と続く。なお、最初に示されている年号は日本独自の「紀元」である。）

まず理軒は、この太陽暦がグレゴリオ暦であることをその歴史とともに紹介する。そして、四年に一度の閏年は、百年ごとに平年となり、四百年ごとには閏年となるというルールをわかりやすく説明する。西暦一九〇〇年は平年であり、西暦二〇〇〇年は閏年であるとしっかり書いている。しかも驚くべきことに、西暦四〇〇〇年は平年になるという、もうひとつ上のルールまで紹介しているのだ。

もし理軒がそのまま星学局に残っていたら、きっと布告の不備を指摘していたことだろう。

第九章　文明開化と洋算ブーム

息子が陸軍大尉？

明治六年（一八七三）、明治の文明開化は満開のときを迎えていた。

蒸気車が汽笛を鳴らして町を駆けぬけ、電信は東京から長崎を経由し、海底ケーブルで外国ともつながった。この年、鉄道を利用する人は、およそ百四十万人にものぼったという。ペリーが見せびらかした汽車と電信、それは日本で現実のものとなっていた。

しかし理軒の逆境はあいかわらずである。算術は学制で、暦は改暦で、残るは測量学だけが頼りだった。佐藤政養やジョン・イングランドから西洋式の測量を学んだ息子半に期待がかかる。半は、明治五年（一八七二）には、西洋式測量術の本「測量新式」を出版していた。

ところが理軒の状況はさらに悪化することになる。明治六年秋、陸軍主導で全国の戦略拠点の測量が開始される。このとき、息子半に白羽の矢が立ったのである。

明治六年（一八七三）十二月、半は西洋式測量術のエキスパートとして陸軍に迎えられ、翌年、陸軍大尉となる。明治六年（一八七三）四月、学制のもとでの学校再起のため、半を塾長にして「家塾」の申請を行っていた理軒にとっては、これもまた予想外の展開であった。

理軒のまわりから、そのマーケットが、あっという間に姿を消した。そして、頼りの息子半も、西洋の測量技術とともに陸軍へと去って行った。

明治六年明六社

学制の発布により、その存在自体が危ぶまれたのは、実は理軒の学校だけではなかった。徳川家が静岡に作った二つの先進的学校も同じ運命だったのである。

学制の基本は、全国統一の学校制度だ。国家の教育は中央政府が決めるもので、地方や個人が勝手にカリキュラムを組んで教育を行うことは根本的に許されなかったわけだ。

そこで新政府は、沼津兵学校の塚本明毅のように、優秀な人材を中央政府に強引に引き抜くことから始め、最後に、地方に芽生え始めた藩校すべてに廃校命令を出したのである。

それぞれの地で、新しい教育づくりに取り組んでいた優秀な学者たちは、ふたたび東京へ集まらざるを得なくなった。西周、津田真道、中村正直たちは、静岡から東京へと帰っていった。そして彼らは、森有礼《もりありのり》（一八四七―一八八九）、福澤諭吉らと合流し、西洋文化を啓蒙する学術的コミュニティーを作りあげた。それが、明治の啓蒙思想をリードした明六社《めいろくしゃ》なのである。

「明治六年」の「明」と「六」から名付けられた明六社は、機関誌「明六雑誌」を発行した。中村正直が静岡で書いた「西国立志篇」は、結局百万部以上売れ、福澤の「学問のすすめ」も、大ベストセラーとなった。彼らは、新しい時代のリーダーとなる。皮肉なもので、もし学制による地方の藩校廃止がなかったなら、明六社はできていなかったかもしれないのである。

クラークも東京へ

静岡学問所の外国人教師クラークも、東京への転居を余儀なくされた教師のひとりであった。実はクラークは、「地方の教育こそ大切だ」と「転勤」を拒み続けた。しかし最後には新政府の命令で、開成所が発展してできた東京の開成学校へと移ることになる。その学校にはすでに友人のグリフィスも、福井からやってきていた。

明治六年（一八七三）十二月、クラークは東京に到着し、グリフィスの家で同居する

KAISEI GAKKO, OR IMPERIAL COLLEGE.

開成学校の校舎

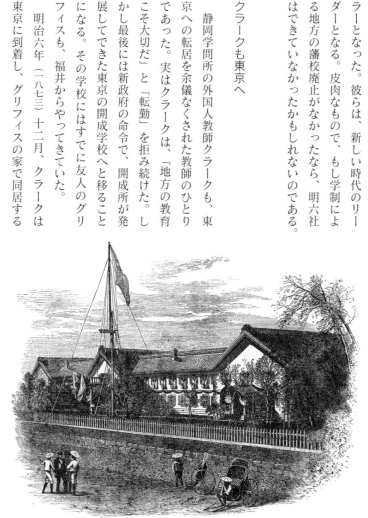

KAI-SEI GAK-KO ENTRANCE.

開成学校の正門

SU-RU-GA YASHIKI, AND COLLEGE BUILDING.

駿河屋敷（左手奥）と開成学校

ことになった。その家は、とてもモダンな平屋であった。開成学校の建物も、八月に落成したばかりで、ずいぶんと立派だ。その学校は、クラークが日本に到着したときに歓迎された駿河屋敷のすぐそばにあった。

これらの建物を見れば、新政府の教育に対する力の入れようがわかるというものだ。教育改革は、理軒がある意味予想したように、東京中心に確実に進んでいくのである。

洋算の出版ブーム到来

学制発布の翌年の明治六年（一八七三）から明治七年（一八七四）にかけて、出版業界に「洋算ブーム」が巻き起こる。

学制の「但洋法ヲ用フ」に準拠した本が、続々と世に出るようになる時期である。このブームのとき

THE HOME IN TOKIO.

クラークの東京の住まい

に出版された本の内容は、どのようなものだったか。

明治六年（一八七三）の初版で、総計二十二万部が売れた大ベストセラー、金沢の数学者関口開《せきぐちひらき》（一八四二―一八八四）の『新撰数学《しんせんすうがく》』のページをめくってみることにしよう。

表紙を返すと序のつぎは、いきなり加法の練習問題である。アラビア数字の解説などは一切ない。つまりは、問題集という位置付けだ。本全体の四分の一ぐらいがアラビア数字による加減乗除の筆算問題。残りには、文章題が並んでいる。

それにしても、計算問題のたし算が「いきなり三桁」なのには驚いた。三桁を三つたし合わせる筆算から始まるのだ。これは引算にもいえて、五〇題が出題される第一問は、なんと六桁ひく六桁。そして五〇問目は、九桁の数字が四つで、しかもたし算と引算が組みあわさっている。おそらく当時の日本人は、そろばんに慣れていたから、そんな練習問題も、さほどむずかしくはなかったのかもしれない。

いざとなれば、こっそりそろばんを持ち出し、覚えたばかりのアラビア数字を「これが五、これは六」などと声に出してそろばんに入れ、ちゃっかり結果だけをアラビア数字で記入、な

「新撰数学」の扉

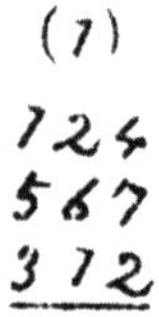

いきなり三桁の第一問

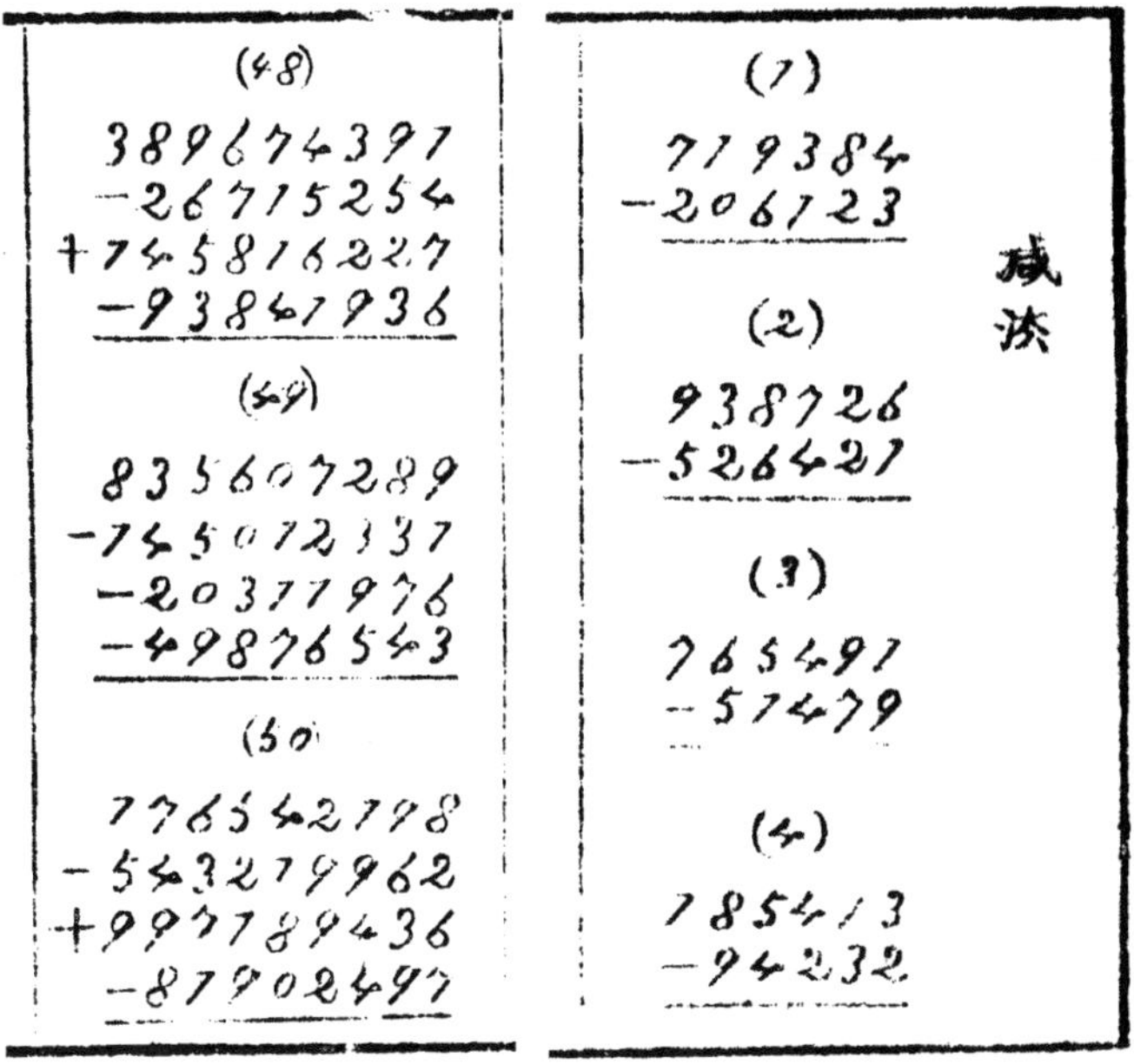

減法

(1)
719384
−206123

(2)
938726
−526421

(3)
765491
−57479

(4)
185413
−94232

(48)
389674391
−26715254
+745816227
−93841936

(49)
835607289
−745072337
−20377976
−49876543

(50)
776542798
−543279962
+997789436
−87902497

引算の筆算問題全50問の最後（左）と最初の部分（抜粋）

んていう「本の使い方」が主流だったのかもしれない。

しかし、それでもよかったのだ。

とにかく、「アラビア数字に慣れよう!」が、趣旨であったにちがいない。

文章題ならこの本がいい

つづいて、面白そうな百題の文章題が並ぶ本を紹介しよう。明治七年（一八七四）一月刊行の「西算雑題百種《せいざんざつだいひゃくしゅ》」である。この本には、問題に挿絵が付いている。それが結構面白い。

著者は、竹中信平（生没年不詳）という人で、伊藤静斎（生没年不詳）という画家が挿絵を描いている。伊藤は当時の新聞の挿絵も描いていたので、この本をプロデュースしたのは、序を書いている岸田《きしだ》吟香《ぎんこう》（一八三三―一九〇五）だったのではないかと想像する。

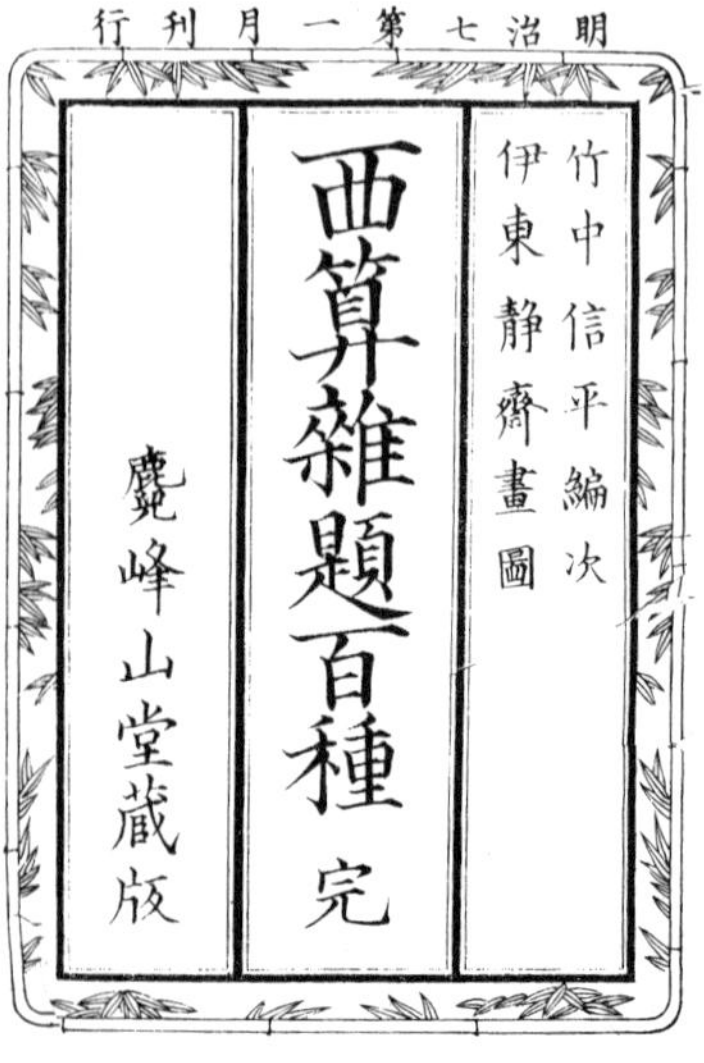

「西算雑題百種」の扉

岸田吟香は、幕末明治期のジャーナリストの草分け的存在で、この本が出版された年に東京日日新聞に迎えられ主筆となっている。岸田は、ヘボンによる日本初の和英辞書の制作助手を務めたことでも有名だ。岸田吟香の息子が画家の岸田《きしだ》劉生《りゅうせい》（一八九一―一九二九）であり、有名な「麗子像」のモデルは、岸田の孫娘である。

街で見かけた洋算ブーム

まずは「西算雑題百種」から、こんな絵を見てほしい。何だか子どもたちが、紙芝居を見ているようだ。これが、「教師童蒙に数学を訓《おし》ゆる図」だそうだ。

教師　童蒙《どうもう》に　数学を訓《おし》ゆる図

教師生徒に賞金を賜《たま》ふ図

ハイカラな洋服を着たおじさんが、町中で子どもたちを集め、数学を教えたのだろう。社会全体で洋算を学んでいこうという意気込みが感じられる。まあ、子どもたちのほうでは、それこそ飴でももらえるのかと思い込み、雰囲気で集まっているのかもしれない。「なーんだ、むずかしそうで、おもしろくな〜い！」なんて声が聞こえそうだ。

むずかしい数学を好き好んでしようとは思わなかったのは、子どもたちだけではなかったようだ。つぎの図がまた面白い。記述をみると、「教師生徒に賞金を賜《たま》ふ図」とある。なんと正解すると、賞金がもらえるらしい。

洋算を教えてまわるおじさんが出没したり、お金を出してまで勉強させようとしたりと、本当に世の中あげて西洋数学をしようというムードが伝わってくる。

最新の話題で数学しよう

それでは「西算雑題百種」から、いくつか問題を見ていこう。まずは、文明開化らしいテーマからだ。この本は、おそらく明治六年頃に執筆されている。新橋横浜間の鉄道全線開通は、明治五年（一八七二）の九月だから、まさに最新トピックを数学の問題にしてしまった。

【問　汽車なら何時間？】
東京新橋から横浜まで、およそ八里の道のりを、蒸気車に乗れば、一時間で行ける。このスピードで、百三十六里なら、何時間で行けるか。

〔五十七〕

$\frac{136}{8}=17$

〔五十七〕東京新橋より横濱まて大約八里の路法を蒸氣車に乗れハ一時間にて達す此の割合にて百三十六里の路を何時間にて達する哉

答曰十七時

術曰百三十六里を八にて割り十七時を得るなり

〔五十七〕東京新橋より横浜まて《で》　大約《およそ》八里の路法《みちのり》を蒸気車に乗れば　一時間にて達す　此《こ》の割合にて　百三十六里の路を何時間にて達する哉《や》

答曰　十七時

術曰　百三十六里を八にて割り　十七時を得るなり

新橋横浜間の鉄道は、明治五年の開通当時は一日九往復した。午前は八時、九時、十時、十一時の四回。午後は二時、三時、四時、五時、六時の五回。新橋と横浜から同時に列車が出発し、途中の川崎駅で行き違う。五十三分かけて到着するというダイヤだった。

当時の新橋横浜間は、二九㎞。問題中に「およそ八里を一時間」とあるのは、計算しやすい妥当な数値だ。この「里」は、約四キロメートルの「里」である。

現在、新橋駅はやや西側に移動し、当時の横浜駅は桜木町駅となっている。現在の新橋駅から桜木町駅までも、ほぼ同じ二八・九㎞である。この間、電車なら早くて三十分、遅いと四、五十分はかかるだろうから、当時の五十三分というのは、なかなか大したものである。

問題の解法は、数学的には割算だけなので簡単だ。時速八里だから、百三十六里を八で割って、十七時間が出る。ページ上部の欄外には、アラビア数字による筆算が添えられていて親切だ。

なお、問題の「百三十六里」は、東京、大阪間の距離を意識したものだろう。まだ開通していない未来の鉄道に思いを馳せる。

夢の乗り継ぎ体験

蒸気車と蒸気船を乗り継ぐなんて、まさに夢のような旅行だったろう。問題を読むだけで、人々はわくわくしたにちがいない。

【問　距離を求めてみよう】

ある人が、七十二里の道のりを行くとき、その三分の一は蒸気車で行き、四分の一は蒸気船で行き、残りは徒歩だったという。徒歩は何里か。

〔三十八〕或人七十二里の路を行くに其の三分一ハ蒸氣車にて行き四分一ハ蒸氣船にて行き其の餘ハ歩行たりといふ今歩行せし里數を問ふ

答曰　三十里

術曰七十二里を三にて割り二十四を得又七十二里を四にて割り十八を得二十四と十八を加へ四十二を得四十二を七十二里より引き三十里を得るなり

三十八

$$\frac{72}{3}=24 \qquad \frac{72}{4}=18$$

$$24+18=42 \qquad 72-42=30$$

〔三十八〕或人《あるひと》七十二里の路を行くに　其《そ》の三分一は蒸気車にて行き　四分一は蒸気船にて行き　其の餘《よ》は歩行《あゆみ》たりといふ　今歩行せし里数を問ふ

答日　三十里

術日　七十二里を三にて割り　二十四を得　又七十二里を四にて割り十八を得　二十四と十八を加へ　四十二を得　四十二を七十二里より引き　三十里を得るなり

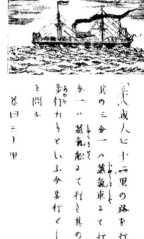

全体で七十二里。蒸気車で行った距離は、その三分の一なので、二十四里。蒸気船での道のりは、四分の一なので、十八里。合わせて、四十二里なので残りは、三十里である。

音の速さはどのくらい?

音の速さだって、問題になった。明治初めの人々の納得する様子が目に浮かぶ。

【問　音から距離を求める】
音の速さは、一秒間に千百四十二尺である。今、遠くの大砲発射の光を見た後、四十五秒でその音が聞こえたとき、大砲までの距離はいくらか。ただし、一間を六尺とし、六十間を一町とし、三十六町を一里とする。

$1142 \times 45 = 51390$　〔六〕

$\frac{51390}{6} = 8565$

$\frac{142}{36} = 3\frac{34}{36}$　　$\frac{8565}{60} = 142\frac{45}{60}$

〔七〕響《ひびき》の速《はや》さハ一秒《びやう》時間《じかん》ニ一千百四十二尺を達ス今遥《はる》カニ砲《はう》発《はつ》の光《ひかり》を見て後四十五秒ニ〆其響を聞《きく》時ハ其距離《へだたり》何程なる哉　但六尺を一間とし六十間を一町とし三十六丁を一里とす

答曰三里三十四丁四十五間

術曰一千百四十二尺ニ四十五秒を掛け五万千三百九十尺を得て是を里數ニ直スニハ先《まづ》六尺ニて割り八千五百六十五間を得又六十間ニて割り百四十二丁と餘り四十五間を得又百四十二丁を三十六丁ニて割り三里と餘り三十四丁を得合せて三里三十四丁四十五間を得るなり

〔七〕響《ひびき》の速さは一秒時間に一千百四十二尺を達す　今遥《はる》かに砲発《ほうはつ》の光を見て後　四十五秒にして其《その》響を聞く時は　其距離《そのへだたり》何程なる哉《や》　但し六尺を一間とし　六十間を一町とし　三十六丁を一里とす

答曰　三里三十四丁四十五間

術曰　一千百四十二尺に四十五秒を掛け　五万千三百九十尺を得て　是を里数に直すには　先《まず》六尺にて割り　八千五百六十五間を得　又六十間にて割り　百四十二丁と餘《あま》り四十五間を得　又百四十二丁を三十六丁にて割り　三里と餘り三十四丁を得　合せて三里三十四丁四十五間を得るなり

この問題では、音の速さが秒速千百四十二尺だとしている。検証してみよう。

一尺は、$\frac{10}{33}$メートルだった。そこで秒速をメートルになおすと、$(\frac{10}{33})$×1142＝約346メートルになる。

現在、音の速さは、気温零度のとき、秒速331メートルとされている。そして気温が1度上昇するごとに、秒速にして0.6メートルずつ速くなる。そこで、気温25度なら、331＋0.6×25＝346メートルなので、実にピッタリである。

問題では、光は瞬間的に見え、音が耳まで届くのに45秒かかったと考える。そこで、秒速千百四十二尺に、45秒をかけるだけだ。

1142×45＝51390尺

尺の単位ではこれで正解である。ところがこれを、里と町と間《けん》の単位に直さなければならない。「6尺＝1間」、「60間＝1町《ちょう》」、「36町＝1里」である。こちらの変換のほうがむしろ大変だ。

まずは、

51390尺÷6＝8565間

それをさらに「町」に直して

8565間÷60＝142町…45間

「36町＝1里」だから

142町÷36＝3里…34町

結局、答えは、三里三十四町四十五間　である。

和算もまだまだ健在だ

西洋の科学知識をベースにした応用問題があるかと思えば、和算の伝統的な問題を、西洋の筆算で解いていこうという問題もある。つぎのようなパズル的な問題は、和算でよくあるタイプである。洋算がブームといっても、世の中、まだまだこんな問題が受け入れられたのかもしれない。

【問　俵を積む問題】
米俵を三角形に積み重ねたとき、一番下が十俵だった。一番上の一俵までの俵の合計を求めよ。

〔四十九〕

$10+1=11$
$11\times10=110$
$\frac{110}{2}=55$

〔四十九〕米俵杉形に積置きて其の下積ハ十俵にて上積一俵に至る此俵数都合何俵なる哉
答曰五十五俵
術曰下積十俵に一を加へ十一を得之を十俵に掛け百十俵を得二にて割り五十五俵を得るなり

〔四十九〕
米俵《こめだわら》　杉形《すぎなり》に積《つみ》置きて　其《そ》の下積《したづみ》は十俵にして　上積《うわづみ》一俵に至《いた》る　此《この》俵数　都合《つごう》何俵なる哉
答曰　五十五俵
術曰　下積十俵に一を加へ十一を得　之《これ》を十俵に掛け百十俵を得　二にて割り五十五俵を得るなり

解法の要点を図で示してみよう。このような、杉の木のようなとがった三角形を、杉形《すぎなり》と当時はいった。この三角形を、下がとんがるように一八〇度回転させて、もうひとつ横に並べる。

すると、横一段に十一俵の俵があり、それが十段積み重なることになる。このとき、全部の俵は11×10＝110俵だ。求めるのは、三角形ひとつ分の俵の数なので、半分の五十五俵が答えというわけだ。

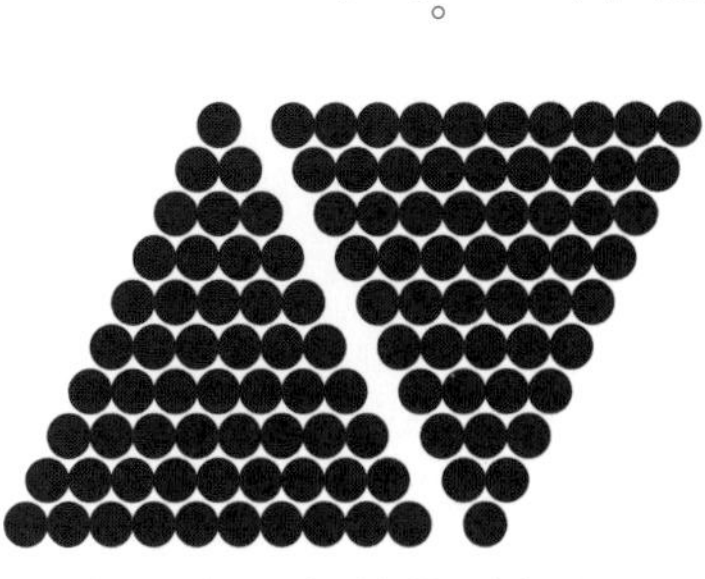

もうひとつ三角形を組み合わせる

出会い算で計算しよう

さらにこんな純和算的問題も出題される。

もちろん、西洋式の数式が言い訳のように添えられてはいる。

【問】東京、小田原間は、二十里ある。甲の飛脚が、東京から時速三里で、小田原に向かって出発する。二時間後、乙の飛脚が、小田原から東京に向かい時速四里で出発した。甲と乙は、甲が出発してから何時間後に出会うか。

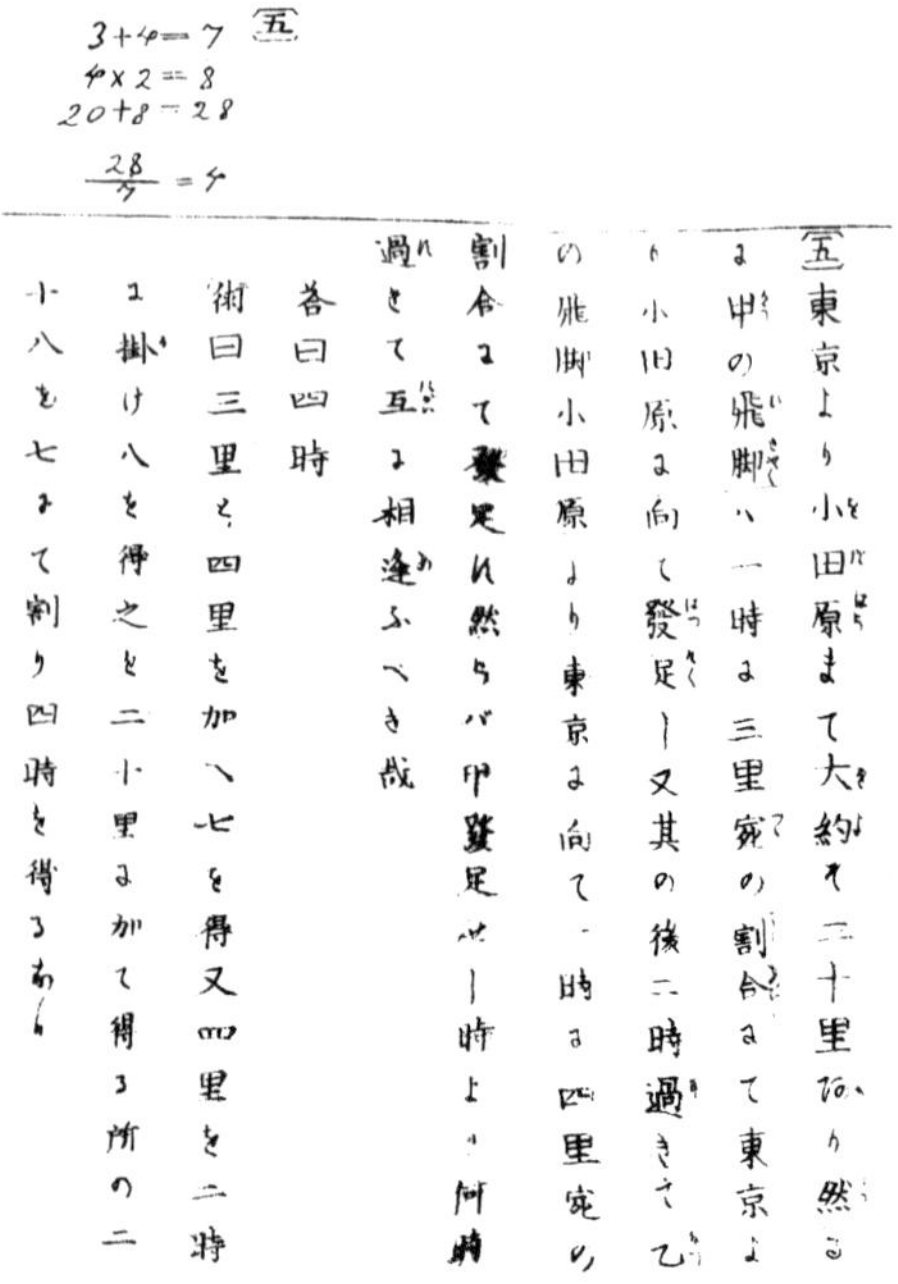

〔五〕東京より小田原まて《で》　大約《およ》そ二十里あり　然《しか》るに甲の飛脚は　一時に三里宛《ずつ》の割合にて　東京より小田原に向て発足《はっそく》し　又其《そ》の後二時過《すぎ》きて乙の飛脚　小田原より東京に向て　一時に四里宛の割合にて発足す　然《しか》らば甲発足せし時より　何時過きて　互《たがい》に相《あい》逢《あ》ふ《う》へ《べ》き哉
答曰　四時
術曰　三里と四里を加へ七を得　又四里を二時に掛《か》け八を得　之を二十里に加《くわえ》て得る所の二十八を七にて割り四時を得るなり

西洋数学なら、xが登場する問題だ。x時間後に出会うと考えよう。すると、甲は時速三里だから、$3x$里だけ進む。一方、乙は二時間後に出発だから、乙が走っている時間は、$(x-2)$時間である。そこで時速四里だと、$4(x-2)$里となる。x時間後にぴったり出会うのだから、両者の走った距離の合計が、東京から小田原までの全長二十里だ。

$$3x+4(x-2)=20$$

これをxについて解けば

$$7x=28$$

$$x=4$$

だから、答えは、四時間後である。

ところがこの本では、xを使わない和算の「出会い算」の方法で解いている。

まず、甲と乙は同時に出発したと考えなおす。ただし、乙は二時間分の距離だけ小田原より手前から出発する。そうすれば、二時間後に小田原から出発したのと同じだ。

乙は時速四里だから、$4\times2=8$より八里手前から出発すれば、二時間後に小田原を通過する。同時に出発するとき、ふたりの間の距離は20＋8＝28より二十八里あると考える。そしてふたりは、3＋4＝7つまり時速七里のスピードで近づく。そこで、28÷7＝4より、四時間後と考える。

アメリカの数学教育が影響

明治六年（一八七三）頃からの洋算ブームの頃、西洋諸国の中で日本の西洋数学教育に、もっとも影響を与えたのはアメリカである。とくに、チャールズ・デービス（Charles Davies 一七九八―一八七六）の教科書は人気が高かった。

本国アメリカでもロングランしたデービスの“*School Arithmetic. Analytical and Practical*”は、日本人がよく参考にした本のひとつだ。ページをめくってみよう。

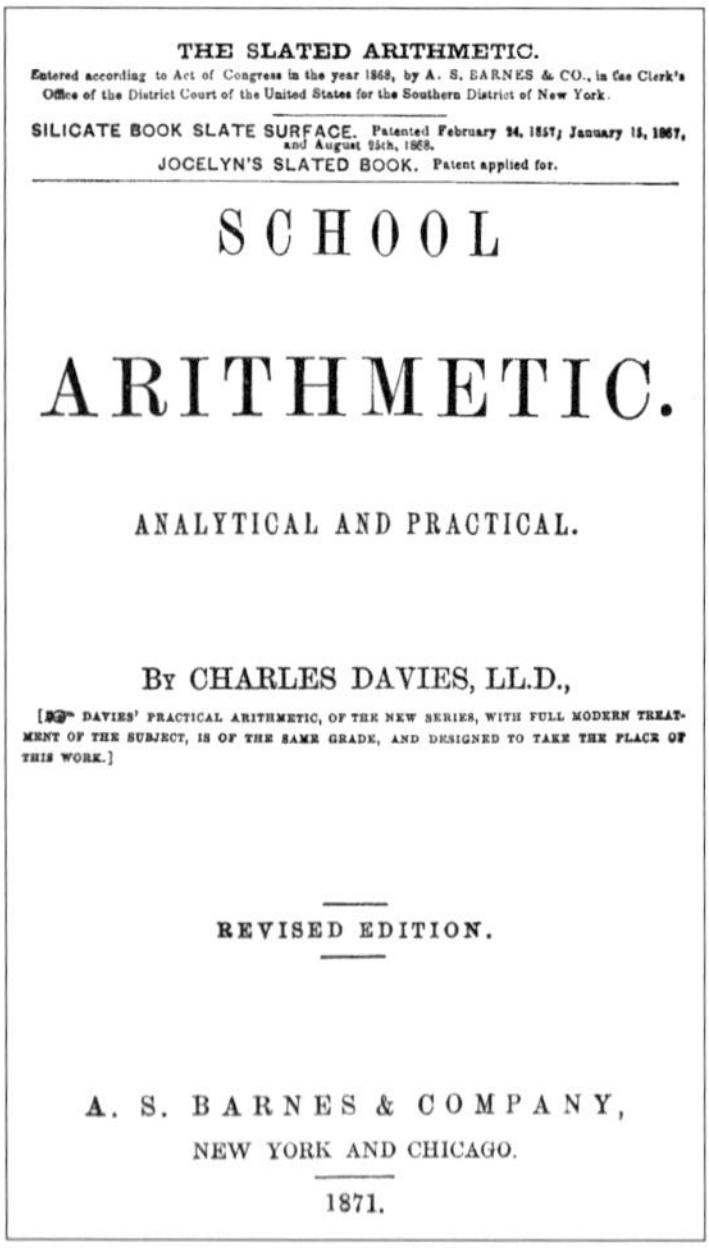

THE SLATED ARITHMETIC.

Entered according to Act of Congress in the year 1868, by A. S. BARNES & CO., in the Clerk's Office of the District Court of the United States for the Southern District of New York.

SILICATE BOOK SLATE SURFACE. Patented February 24, 1857; January 15, 1867, and August 25th, 1868.

JOCELYN'S SLATED BOOK. Patent applied for.

SCHOOL

ARITHMETIC.

ANALYTICAL AND PRACTICAL.

By CHARLES DAVIES, LL.D.,

[☞ DAVIES' PRACTICAL ARITHMETIC, OF THE NEW SERIES, WITH FULL MODERN TREATMENT OF THE SUBJECT, IS OF THE SAME GRADE, AND DESIGNED TO TAKE THE PLACE OF THIS WORK.]

REVISED EDITION.

A. S. BARNES & COMPANY,

NEW YORK AND CHICAGO.

1871.

デービス本のタイトルページ

【問　土地代の合計】

ある農夫が、八百九十八ドルと六百三十七ドルで、土地を購入した。農夫は合計でいくら支払ったか。

33. 1. A farmer paid 898 dollars for one piece of land, and 637 dollars for another; how many dollars did he pay for both?

OPERATION.

ANALYSIS.—Write the numbers thus, and draw a line beneath them.

	898
	637
sum of the units,	15
sum of the tens,	12
sum of the hundreds,	14
sum total	1535

OPERATION.

898
637
11
1535

解き方として、「両方の数をこのように書いて、それらの下に線を引く。一の位を合計し、十の位を合計し、百の位の合計して、総合計を出す」としている。位ごとに加えた結果、15、12、14を三行にして、それを合計する方法が面白い。今なら、繰り上がりを考えるところだ。もうひとつやってみよう。

【問　あれから何年？】

船乗りたちが使うコンパスは、イングランドで一三〇二年に発明された。一四九二年のアメリカ発見より、何年前のことか。またそれは、現在から何年前のことか？

21. The Mariner's Compass was discovered in England in the year 1302: how many years was this before the discovery of America in 1492? How many years to the present time?
Ans.

この問題は、「数学教授本」で取りあげた問題とまったく同じ内容である。ただし、デービスは、イングランド説である。

当時の日本人の執筆者たちは、こんな本の問題からネタを集めたのだろう。

問題のほうは、単純な引算で、一九〇年という答えが出る。「現在から何年」というふたつ目の問題は、答えが決まっていないところが面白い。

教科書と一般書のちがい

アメリカの数学教育の影響は、新政府が進めていた小学校の教科書づくりにもみえる。

「小学算術書」という文部省による日本初の数学教科書には、当時のアメリカ教育界の「単純繰り返し」と「ステップバイステップ」という精神が反映されている。

洋算ブームの中、幅広い年代の読者を対象とする一般書がにぎわいを見せる中で、発足したばかりの文部省は、教科書らしい教科書を作り始めていたのである。その教科書から二問連続で、引算の例をあげてみよう。

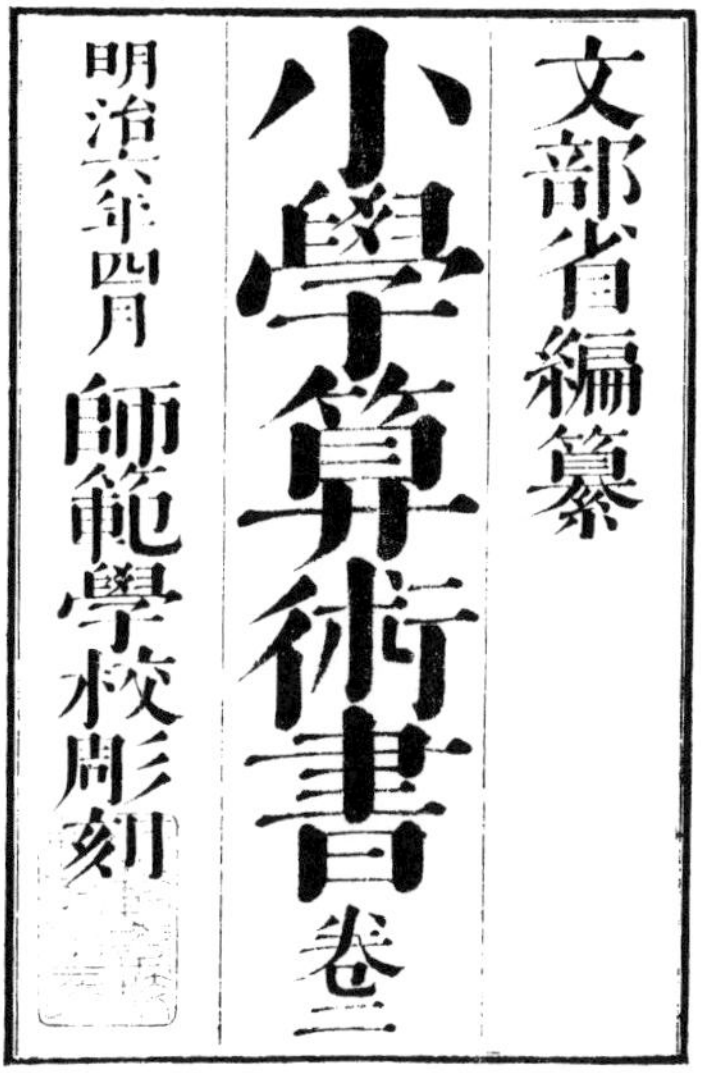
文部省編纂
小學算術書　巻三
明治六年四月　師範學校彫刻

文部省が作った日本初の小学校用算数教科書の扉

【問　花が散り残りはいくつ?】
花が五輪ある。そのうち二輪は散ってしまった。残っている花は何輪か。

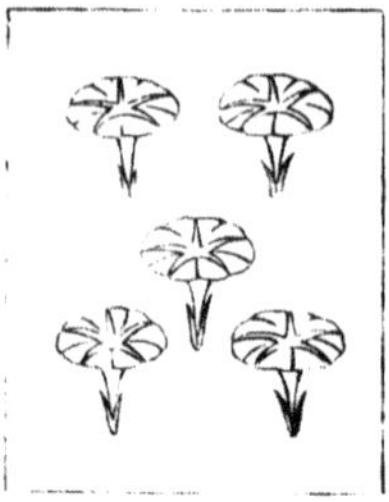

三　花五輪あり、うち、二輪散りたれば、残りたる花、幾輪ありや、
答

〔三〕　花五輪あり、うち、二輪散りたれば、残りたる花、幾輪ありや、
答

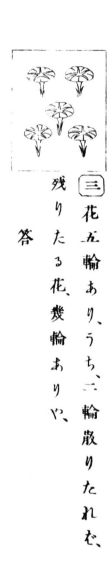

【問　残りの距離は？】

東京から横浜までは八里ある。品川までは二里ある。品川まで到着したとき、横浜までの道のりは何里あるか答えなさい。

十　東京より、横濱までの路も八里あり、品川までも二里あり、今品川まで行きたるむ、横濱までの路も、幾里となりしや、

答

［十］　東京より、横濱までの路は八里あり、品川までは二里あり、今品川まで行きたれば、横濱までの路は、幾里となりしや、

答

種子島編輯
洋算近道
一名獨稽古

「洋算近道」の扉

実に教科書らしくなった。蒸気車や蒸気船に乗ったなどという数学と直接関係のないエピソードは出てこないし、話もどこかおとなしく常識的である。一方、一般書なら、同じ引算でもこんな豪快な問題がいきなり出てくる。明治六年（一八七三）のヒット作、「洋算近道」からあげておこう。

【問　百二十三億個のみかんって？】
みかんが、百二十三億五千六万七百二十三個ある。このうち、七億千五百六十七万八千九百六十一個を、他人に与えるとき、残りはいくらか。

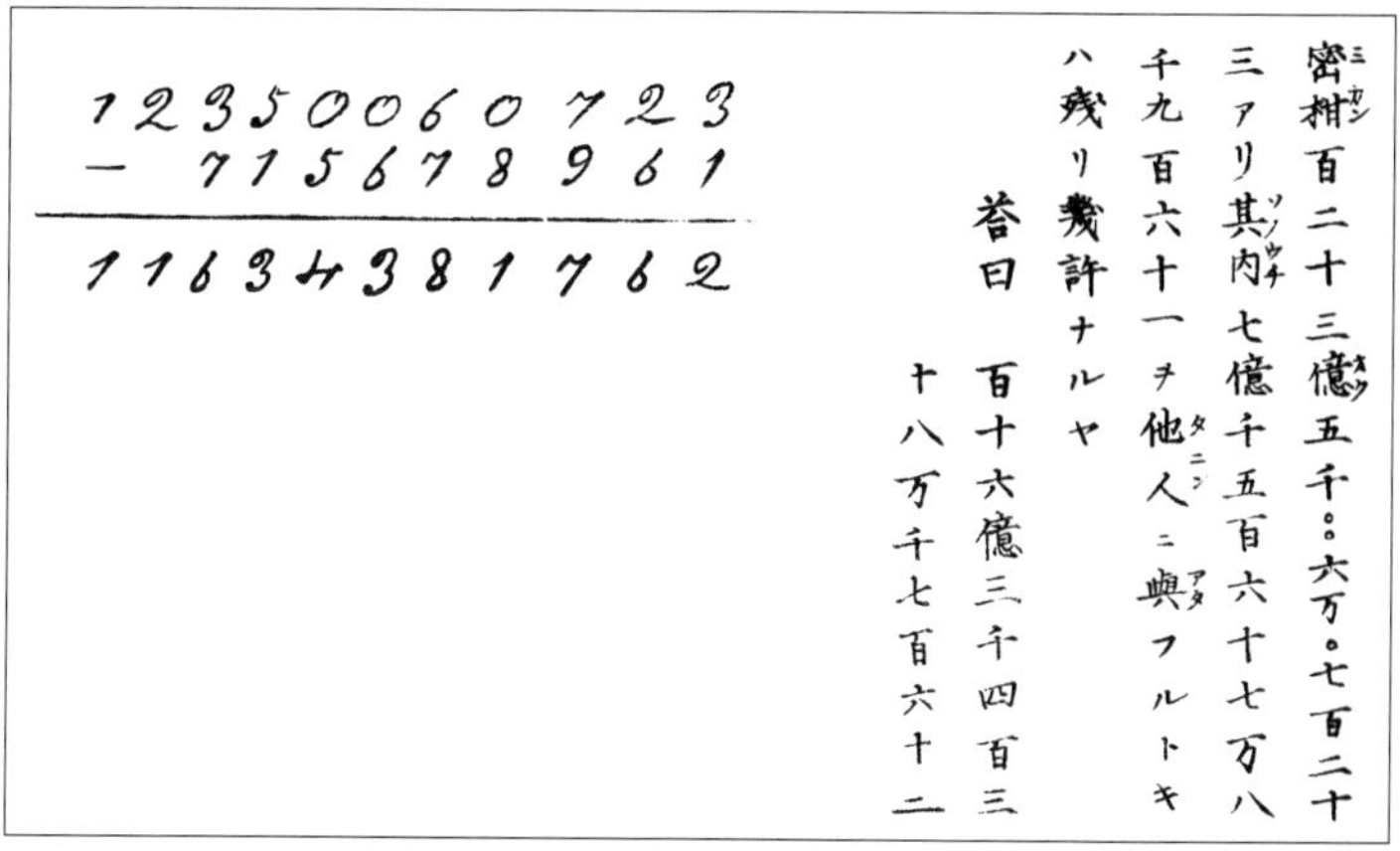
蜜柑《ミカン》百二十三億《オク》五千〇〇六万〇七百二十三アリ其内《ソノウチ》七億千五百六十七万八千九百六十一ヲ他人《タニン》ニ與《アタ》フルトキハ残リ幾許ナルヤ

答曰　百十六億三千四百三十八万千七百六十二

$$\begin{array}{r} 12350060723 \\ -\ \ 715678961 \\ \hline 11634381762 \end{array}$$

蜜柑《みかん》百二十三億五千〇〇六万〇七百二十三アリ　其内《そのうち》七億千五百六十七万八千九百六十一を他人《たにん》に与ふるときは残り幾許なるや

答曰　百十六億三千四百三十八万千七百六十二

大量のみかんをもらった相手の顔を想像すると、笑ってしまう。残りは、百十六億三千四百三十八万千七百六十二個。こちらの問題設定のほうが面白いかもしれない。

一般書の読み物的な要素と教科書の教育的な配慮。興味を優先するか、常識的な無難さで収めるか。この両者の兼ね合いは、いつの時代でもなかなかむずかしい問題である。

洋算と和算どちらが優れてる？

ところで理軒は、このような洋算のブームを、どのように考えていたのだろう。すでに「筆算通書」の序の中で、理軒はこんな風に語っている。

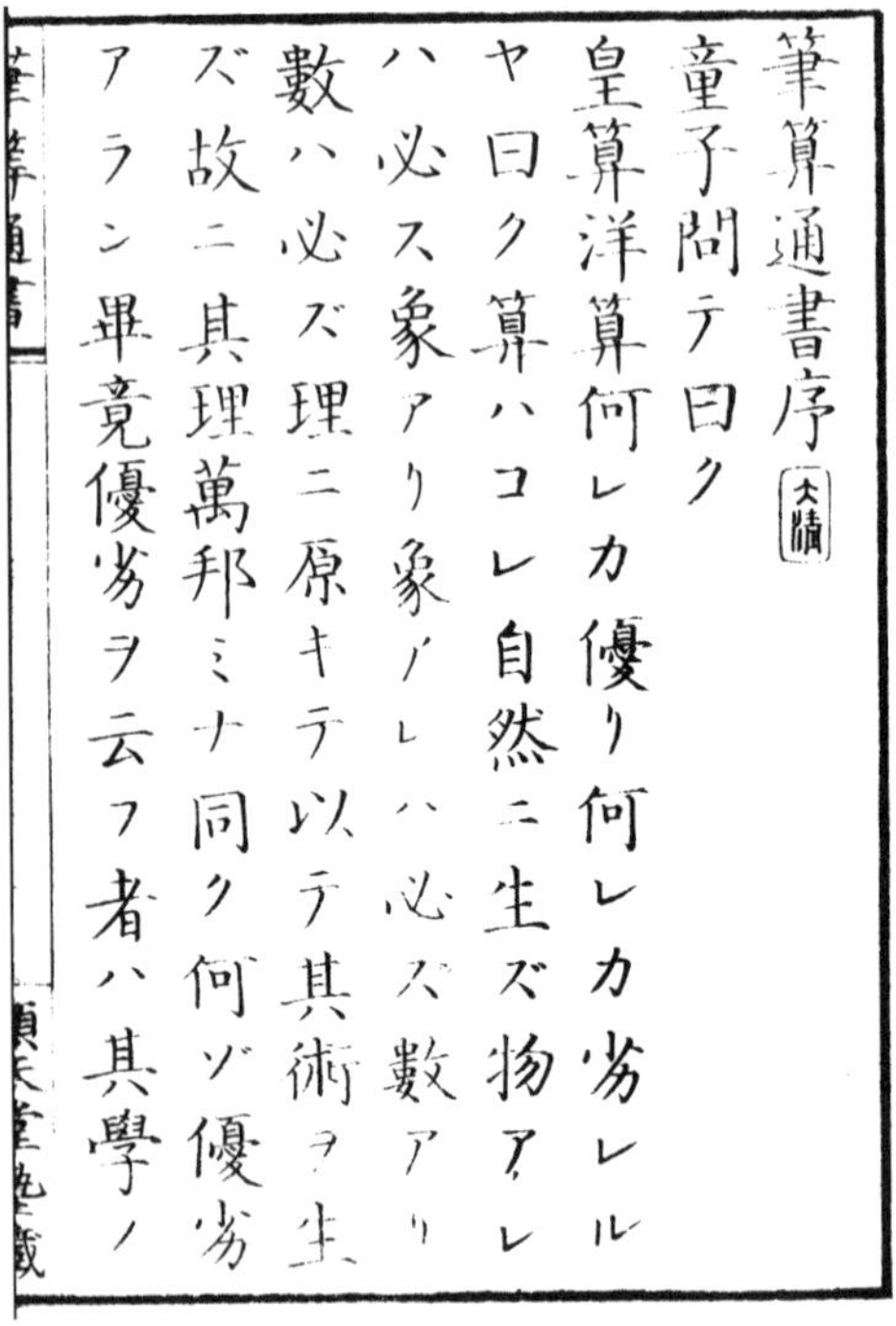
筆算通書序
童子問テ曰ク
皇算洋算何レカ優リ何レカ劣レル
ヤ曰ク算ハコレ自然ニ生ズ物アレ
ハ必ス象アリ象アレハ必ズ数アリ
数ハ必ズ理ニ原キテ以テ其術ヲ生
ズ故ニ其理萬邦ミナ同ク何ゾ優劣
アラン畢竟優劣ヲ云フ者ハ其學ノ

筆算通書序
童子問て曰《いわ》く
皇算洋算何《いず》れか《が》優《まさ》り　何れか《が》劣《おと》れるや
曰く　算はこれ自然に生ず　物あれは《ば》必
ず象あり　象あれは《ば》必ず数あり　数は必
ず理に原《もとづ》きて以《もっ》て其《その》術を生ず　故に其理
万邦みな同《おなじ》く　何ぞ優劣あらん　畢竟《ひっきょう》
優劣を云ふ者は其《その》学の（「生熟よりして
論を成すのみ」と説く）

「和算と洋算のどちらが優れ、どちらが劣っているか」と子どもが聞いてきた。そこで理軒はこう答えたわけだ。

「数の計算というものは、どこにでもある。物があれば必ずそこに現象がある。現象があればそこに必ず数がある。その数は必ず一定の法則に従い数式をつくる。その原理は、世界中どこでも同じだ。どうして優劣があるというのか…」

悟りきった学者の答えに、質問した子どもは、きょとんとしたことだろう。

世の中の現象には、必ず数学モデルが存在し、そのしくみや原理は世界共通。和算や洋算といっても、見かけが違うだけでその根本は同一。どうして優劣があるのか。

つねに先進を歩き、和算と洋算の両方に通じる学者のまさに、真理を言いあてた言葉であろう。

第十章　和算の行く末

数学の学会できる！

明治十年（一八七七）九月、数学者が一同に会する日本初の学会「東京数学会社」が設立された。同じ年に開学したのが東京大学。その会合に集まった学者たちによって、学会の設立が計画されたのだという。

その学会設立の中心人物となったのが、神田孝平だった。神田は、実によいタイミングで東京に戻ってきた。学会設立のちょうど一年前、明治九年（一八七六）九月に、兵庫県県令から元老院議官に栄転したのだ。

神田は、学会の総代というトップに就任する。このとき、一緒に総代となったのは、長崎海軍伝習所出身の柳楢悦だった。神田が開成所の出身。そして柳が海軍出身である。幕末の日本の西洋数学教育を支えた、東西二つの学校からのトップ就任だ。当時の数学界の状況からすれば当然の人事であった。しかしこの状況は、瞬く間にかわることになる。

学会の設立当初の会員数は、百十七名。そこには、理軒のほか、「筆算訓蒙」の塚本明毅、「幾何学原礎」の川北朝鄰、「新撰数学」の関口開、そして理軒の弟子花井静の名前もあった。そして、まもなく学会のリーダーとなっていく菊池《きくち》大麓《だいろく》（一八五五―一九一七）がいた。

学会の勢力地図は？

菊池は、幕末から明治はじめにかけて、英国に二度も留学した。日本人として初めて、ケンブリッジ大学の数学専攻を卒業した菊池は、学会設立の明治十年（一八七七）に帰国し、東京大学の教授に就任したのである。菊池は、日本人初の数学の大学教授となった。つまり、生粋の日本人西洋数学者が登場したのである。

明治十二年（一八七九）、東京数学会社で初めて、学会誌編集責任者の選挙が行われた。このときはまだ理軒は、得票数二十五票で第三位、菊池大麓の二十三票より上位で選出されていた。明治十三年（一八八〇）、会員からの質問に代表で答える学務委員十二名が選出された。このときも理軒は委員のひとりとして選ばれている。

しかし学会はほどなく、菊池たちの大学関係者を主力メンバーとする体制へと移行していく。西洋で学んだプロパーたちが続々と帰国し、その教えを受けた卒業生たちによるコミュニティーができあがっていく。

明治十五年（一八八二）、柳楢悦が当時トップの社長という職を辞任して退会した。それは、和算出身者の勢力の急激な衰退を象徴する出来事だった。学会発足当時は全体の七割もいた和算家たちは、明治二十年（一八八七）頃には二割にも満たなくなった。

理軒は、そんな未来を肌で感じていたのかもしれない。明治十一年（一八七八）から明治十二年（一八七九）にかけてのわずか二年間に、和算をテーマにした本を一気に三冊も世に送り出した。それは理軒の和算家としての「最後の戦い」であったろう。

和算最後の戦い

「最後の戦い」の一冊目は、明治十一年（一八七八）十月から順次出版された「明治《めいじ》小学塵劫記《しょうがくじんこうき》」六巻であった。

伝統的な和算の教授法を残したこの本は、かなりなヒットとなる。本文は同じで、「小学」の語句をはずした「明治塵劫記大全《めいじじんこうきたいぜん》」という別タイトルでも出版された。洋算がよいといわれて

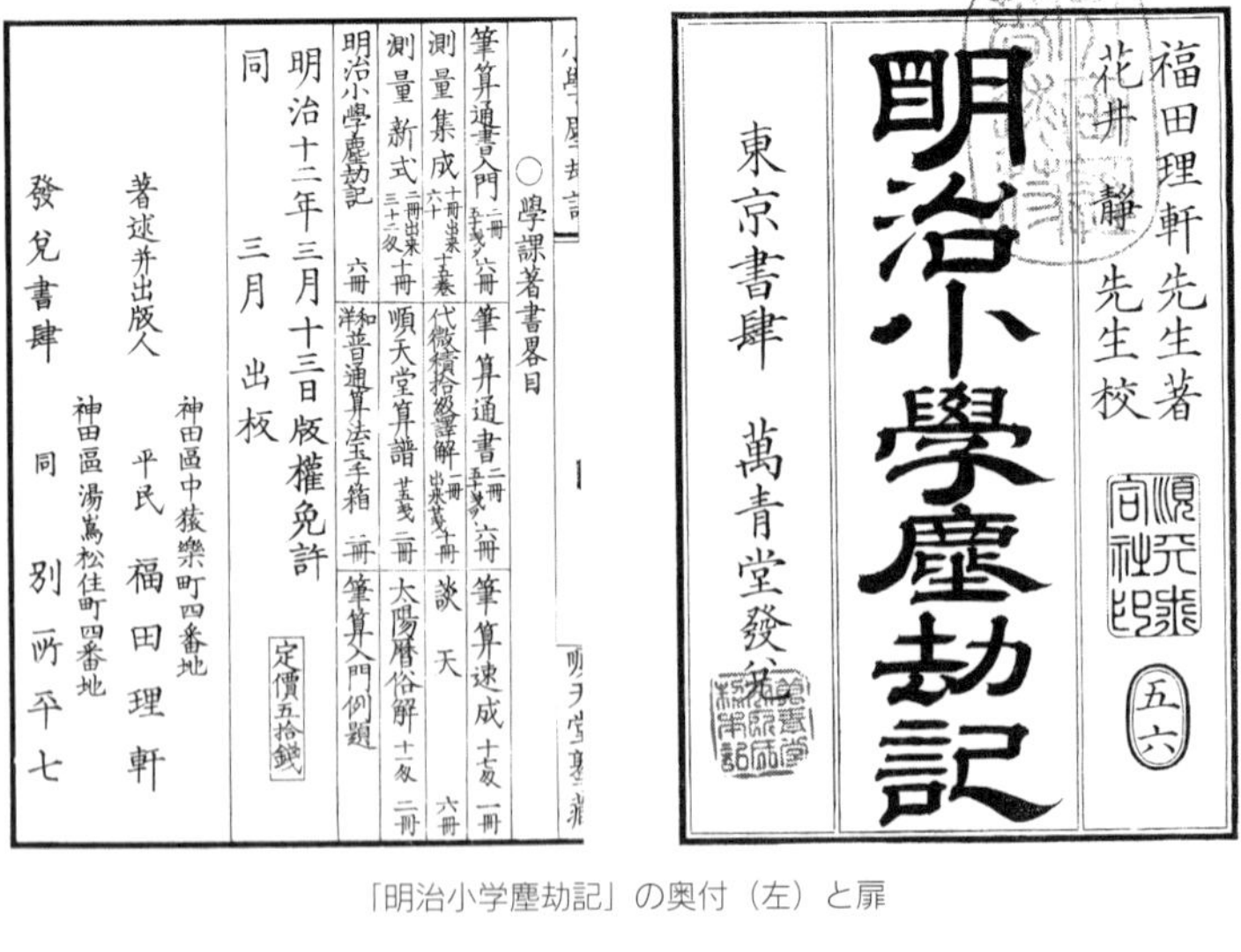

福田理軒先生著
花井静先生校
明治小學塵劫記
東京書肆　萬青堂發兌
五六

○學課著書畧目
筆算通書入門　二冊
筆算通書　二冊
筆算速成　十七匁　一冊
測量集成　十冊出来　十五巻
代微積拾級譯解　一冊
談天　六冊
測量新式　二冊出来　十冊
順天堂算譜
太陽暦俗解　十二匁　二冊
明治小學塵劫記　六冊
和洋普通算法玉手箱　一冊
筆算入門例題

明治十二年三月十三日版權免許
同　三月　出板
定價五拾錢

著述并出版人　神田區中猿樂町四番地　平民　福田理軒
發兌書肆　神田區湯嶌松住町四番地　同　別所平七

「明治小学塵劫記」の奥付（左）と扉

も、大人たちにはまだまだ、和算をベースにした内容のほうが馴染みがあったのだ。

二冊目は、明治十二年（一八七九）三月出版の「算法玉手箱《さんぽうたまてばこ》」だ。この本には、日本で初めてのまとまった和算史が論じられている。和算史研究の草分けとして後世の評価も高い。理軒は「最後の和算家」の使命として、和算で活躍した人物や主な書籍などを歴史としてまとめておこうと考えたのかもしれない。

そして三冊目が、明治十二年（一八七九）八月出版の「近世名家算題集《きんせいめいかさんだいしゅう》」である。和算の良問を図形問題中心にオムニバスに集めたものだ。掲載する問題の寄稿を依頼された和算家の中には、関口開や川北朝鄰、花井静らの名前もあった。

そして理軒がこんな「最後の戦い」をしている頃に、理軒の息子半が陸軍から戻ってくるのであった。

国立公文書館のデジタルアーカイブに、「陸軍大尉福田半辞職之件」という半の陸軍辞職願があり閲覧できる。明治十一年（一八七八）八月一日付の陸軍卿山県有朋《やまがたありとも》（一八三八―一九二二）にあてた辞職願には、慢性の僂麻質斯《りゅうまちす》（Rheumatism）つまりリウマチの診断書が添付されている。

半は、この陸軍退職後に、本格的な執筆を始めたのかもしれない。明治十三年（一八八〇）、半は日本で初めての「微分積分」の本「筆算微積入門」を出版する。その本の冒頭に理軒の依頼で「微積入門」と大きく書いた題字を贈ってくれた人物がいた。その十年前、「代微積拾級訳解」を執筆中の半に、自らの翻訳原稿を貸してくれた神田孝平であった。

失意の帰阪

「もう、わしの出る幕はなくなったんやなあ」

世の中の急激な変化に、理軒は弱気になったのだろう。理軒は半とともに、故郷大阪に帰ることを決断する。明治十七年（一八八四）のことであった。

東京の順天求合社は、門弟の松見文平《まつみぶんぺい》（一八六一—一九四三）に譲られることになった。このとき松見は、まだ満二十三歳だった。しかし理軒は、自らが十九歳で開塾したことを思い出し、その若者にすべてを託すことにしたのだろう。

「もうちょっと、東京では成功するはずやった。学制は予想外やったなあ…」

明治十八年（一八八五）、理軒は十五年ぶりに大阪の町に帰ってきた。そしてちょうど同じ頃、和算が日本から消滅したとされる。

「最後の和算家」となった理軒のその後はさだかではない。ただひとつ、大阪の八軒家《はちけんや》というところで、余生を過したことだけが知られている。八軒家には、京の都から淀川を下ってきた船が着く、古くからの船着き場があった。春にはその両岸に桜の花が咲き乱れ、夏には天神祭りの船でにぎわった。

理軒は、川辺の四季を眺めながら、自らの人生を振り返ったにちがいない。大坂での開塾、ペリーの来航、明治初めの東京への転居、そして失意の帰阪。理軒は激動の時代にありながら、いつもその先頭を懸命に生き抜いた。

明治二十一年（一八八八）頃に、息子の半が亡くなり、明治二十二年（一八八九）に、理軒が満七十四歳でこの世を去ったといわれる。それは帰阪からわずか四年後のことであった。

ただ、理軒の命日がはっきりとしない。それは「最後の和算家」となった運命であろうか。「明治前日本数学史」では三月十九日、「増修日本数学史」は五月十九日、そして「大阪人物誌」では八月十七日となっている。

人生の正解

理軒の死から七年がたった明治二十九年（一八九六）。割算の九九の割声をそのままタイトルにした理軒の本、「二一天作」が再版される。まだまだ世間では、珠算はポピューラーだった。

そして同じ年、本書の冒頭で紹介した「算学速成」の海賊版が登場している。国立国会図書館でオンライン閲覧できる「算法通書（実益一、実益二）」は、「算学速成」と同じ版木を使ったものだ。

明治の時代に合うように、お金の「両」は「円」と上書きされ、都合の悪い箇所は黒塗りだ。そして扉のページだけは、すっかり取替えて、別の編者となっている。

「和算と洋算の本質はかわらない」と断言した理軒。たとえ時代がかわっても、再版されたり流用されたりするほど、きらりと輝く本質があったにちがいない。

そしてもうひとつ。実は理軒の精神は、生き続けているのである。松見に託した順天求合社は、私立順天中学校・高等学校となり、今でも東京都北区に現存する。

理軒がめざしたもの。それは和算から洋算への全面切替ではなく、和算の枠組みの中での改革であったかもしれない。長い年月をかけ、日本で積み上げられてきた教育体系の中に、西洋の息吹を取り入れ、新しい時代に対応する変革を加えようとした。

激しい変革の波の中、抜本的なリニューアルができなかったのは、蓄積されたノウハウの大きさだけでなく、理軒の年齢がそうさせたのかもしれ

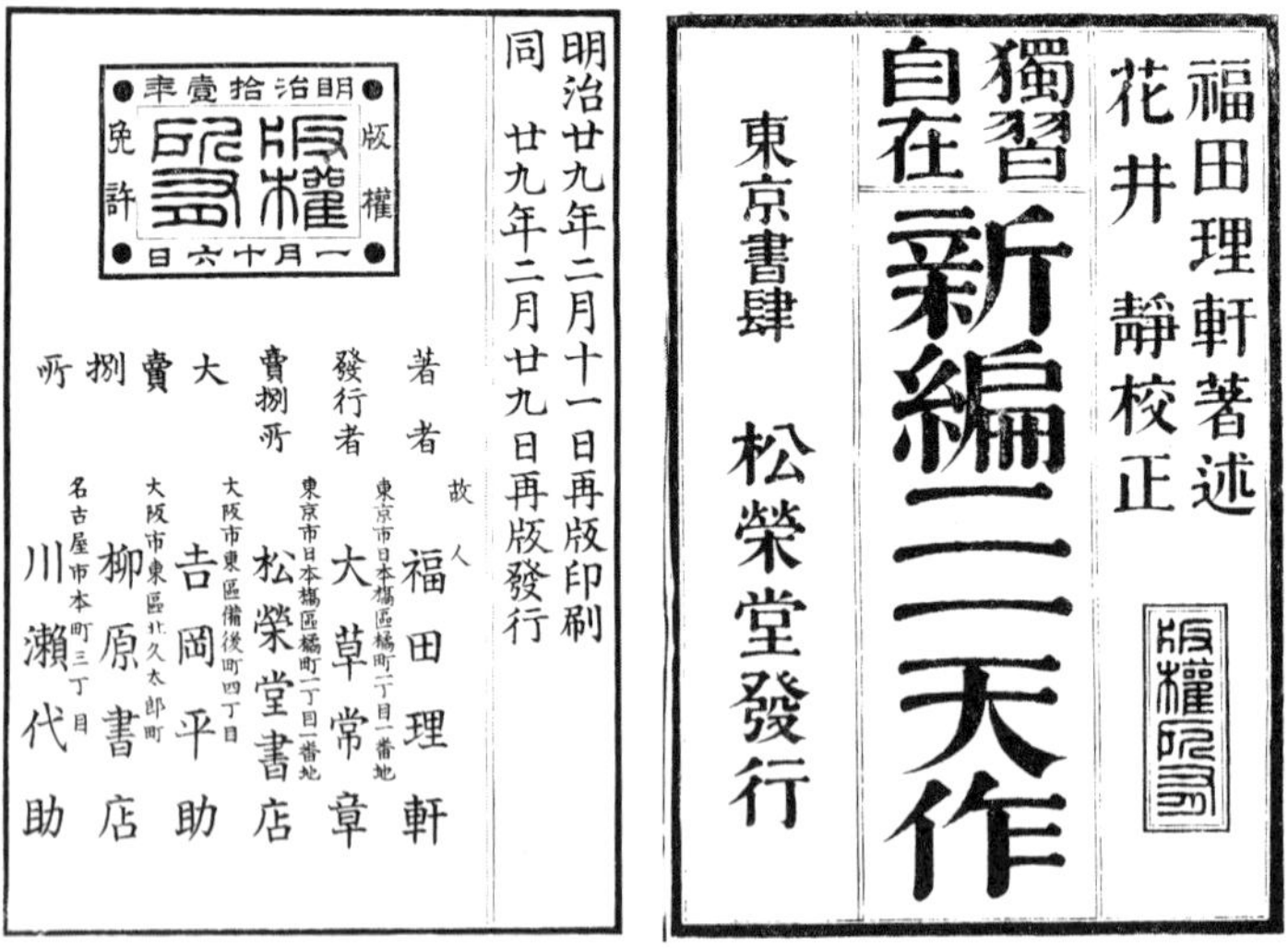
福田理軒著述
花井静校正
獨習自在 新編二一天作
版權所有
東京書肆 松榮堂發行

明治廿九年二月十一日再版印刷
同 廿九年二月廿九日再版發行
明治拾壹年一月十六日 版權免許
著者 故人 福田理軒
發行者 東京市日本橋區橘町一丁目一番地 大草常章
賣捌所 東京市日本橋區橘町一丁目一番地 松榮堂書店
大賣捌所 大阪市東區備後町四丁目 吉岡平助
大阪市東區北久太郎町 柳原書店
名古屋市本町三丁目 川瀬代助

「新編二一天作」の奥付（左）と扉

ない。

幕末から明治への激動の時代にも似た現代。ガラパゴス携帯と呼ばれ、日本で独自に発展を遂げた携帯電話のシステムが、西洋起源のスマートフォンに取ってかわられたように、日本で営々と築かれたシステムが、外圧の大波によって根本から覆されることだってある。変革の時代を生きた理軒の生きざまに、私たちは自らの運命を照らし合わせることができるだろう。

では理軒は、あのとき、いったいどうすればよかったか?

その答えは、読者のみなさまにお任せすることにしよう。

（完）

【付録一】福田理軒　略年表

文化十二年（一八一五）五月　大坂天満《てんま》樽屋《たるや》町《まち》で誕生
天保五年（一八三四）八月二十六日　大坂南本町四丁目に順天堂塾を開塾
天保六年（一八三五）八月　大坂天満宮へ奉納した算額で師匠と争う（二田の争論）
天保十三年（一八四二）十月　土御門家のお召し抱えとなる
嘉永六年（一八五三）六月三日　ペリー来航
安政三年（一八五六）「測量集成」
安政四年（一八五七）「西算速知」（日本初の西洋数学本）
文久元年（一八六一）「談天」（英国天文書の中国語訳に訓点を付け出版）
元治元年（一八六四）八月二十八日　勝海舟と息子の神戸海軍操練所教官採用を相談
明治元年（一八六八）新政府暦等御用掛
明治二年（一八六九）一月九日　新政府行政官治河《ちが》測量御用
明治三年（一八七〇）五月十七日　新政府天文暦道御用掛
六月　東京に転勤（転居）
八月二十五日　星学局取締

明治四年（一八七一）九月　星学局を退職し、東京に順天求合社を設立

「代微積拾級訳解」（日本初の解析幾何学の本）

明治六年（一八七三）「筆算通書」（西洋数学本）

明治十年（一八七七）「太陽暦俗解」（太陽暦の解説本）

東京数学会社（日本初の学会）の設立に参加

明治十一年（一八七八）「明治小学塵劫記」

明治十二年（一八七九）「算法玉手箱」（日本初の和算史）

「近世名家算題集」

明治十八年（一八八五）大阪に帰る

明治二十二年（一八八九）没

【付録二】江戸時代の単位（まとめ）

お金

銅貨　1貫＝1000文
96文＝100文（「九六銭」の場合）

銀貨　1匁（約3.75g）（五円玉の重さ）
1匁＝10分（ふん）
1分＝10厘

金貨　1両＝4分（ぶ）
1分＝4朱

長さ

1里（約3.93km）＝36町
1町（約109m）＝60間
1間（約1.8m）＝6尺
1尺（約30.3cm）＝10寸

1寸（約3cm）＝10分（ぶ）
1分（約3mm）

面積

1坪（約3.3㎡）＝1間（約1.8m）×1間

体積

1石（約180ℓ）＝10斗
1斗（約18ℓ）＝10升
1升（約1.8ℓ）＝10合
1合（約180mℓ）

文献

【画像引用文献】

本書が使用する図版のすべては、筆者の自作か、著作権が消滅した筆者所有の文献からの引用である。ただし、破損や汚れがある場合などは、デジタル処理で修復している。また本来一つの図版や絵であるのに、二ページにまたがって掲載されている場合などは、これらを一枚に結合するなどの処理も行っている。本書が引用する図版は、原版保存に極力配慮した筆者によるデジタル加工や修正が存在することをご承知いただきたい。

（1）Francis L. Hawks 1856 *Narrative of the expedition of an American squadron to the China seas and Japan, performed in the years 1852, 1853, and 1854, under the command of Commodore M.C. Perry, United States Navy, by order of the government of the United States. Compiled from the original notes and journals of Commodore Perry and his officers, at his request, and under his supervision, by Francis L. Hawks, D.D. L.L.D. with numerous illustrations. Published by order of the congress of the United States.*, Washington: A.O.P. Nicholson, printer.

（2）福田理軒（総理）、花井健吉（一八五六）『測量集成』

（3）福田金塘（閲）、岩田清庸（編）（一八七三）『算学速成』（原著は、一八三五（天保六年）金塘による。本書では、一八五八（安政五年）の理軒による版の明治六年（一八七三）再版を利用。原著は全五巻。編者は岩田清庸（巻一・二・三）、佐野義致（巻四）、竹林忠重（巻五）である）

（4）柳河春三（一八五七）『洋算用法』

（5）福田理軒（口授）、曽根栄道（筆記）、花井健吉（編輯）（一八五七）『西算速知』

（6）神田孝平（編）（一八七〇-七一）『数学教授本・巻一』
（7）E. Warren Clark 1878 *Life and adventure in Japan*, American Tract Society
（8）格拉克（口述）、山本正至・川北朝鄰（訳）（一八七五）『幾何学原礎（四）』
（9）塚本明毅（撰）（一八六九）『筆算訓蒙』
（10）福田理軒（閲定）、福田治軒（考正）、花井静（編輯）（一八七一）『筆算通書』
（11）福田理軒（閲正）、花井静（編著）（一八七二）『太陽暦俗解・第一本・第二本』
（12）竹中信平（編次）、伊東静齊（画図）（一八七四）『西算雑題百種』
（13）Charles Davies 1871 *School arithmetic. Analytical and practical* (*Rev. ed.*), A. S. Barnes
（14）関口開（撰）（一八七三）『新撰数学』
（15）文部省（編纂）（一八七三）『小学算術書・巻二』（師範学校彫刻）
（16）種子島三七（編輯）（一八七三）『洋算近道』
（17）福田理軒（著）、花井静（校）（一八七九）『明治小学塵劫記・巻五・巻六』
（18）福田理軒（著述）、花井静（校正）（一八九六）『新編二一天作』松栄堂書店

【参考文献】

執筆に際して中心的な資料として利用したもの。
「国立国会図書館デジタルコレクション（http://dl.ndl.go.jp）」の資料には、「永続的識別子」を付けた。サイト内でこれをキーワードに検索できるほか、この識別子を「http://dl.ndl.go.jp/」の直後に付け加えてアクセスすると、その資料が閲覧できる。

（例）永続的識別子が「info:ndljp/ pid/ 2540624」なら、「http:/ / dl. ndl. go. jp/ info:ndljp/ pid/ 2540624」というURLでアクセスできる。

〈日本の数学史〉

幕末の頃の数学史を含む基礎資料

(19) 藤原松三郎（著）、日本学士院日本科学史刊行会（編）（一九六〇）『明治前日本数学史・第五巻』岩波書店

(20) 小倉金之助（一九四八）『明治数学史の基礎工事、数学史研究、第二輯』岩波書店

(21) 遠藤利貞（著）、三上義夫（編）、平山諦（補訂）（一九八一）『増修日本数学史（決定第二版）』

(22) 毛利重能（一六二二）『割算書』、（与謝野寛・正宗敦夫・与謝野晶子（編）（一九二七）『古代数学集』日本古典全集刊行会所収）

(23) 吉田光由（一六三四）『塵劫記（再版本）』（与謝野寛・正宗敦夫・与謝野晶子（編）（一九二七）『古代数学集』、日本古典全集刊行会所収）

(24) 源為憲（一八〇七）『口遊』、（info:ndljp/ pid/ 2540624）

〈中国の数学史〉

(25) 薮内清（一九四四）『支那数学史』山口書店

(26) 不詳（西暦四百年頃以降）『敦煌算書』（算経一巻並序、Pelliot 三三四九号）（任継愈（主編）（一九九三）『中國科學技術典籍通彙／數學巻一』河南教育出版社所収）

(27) 程大位（一五九二）『算法統宗』（任継愈（主編）（一九九三）『中國科學技術典籍通彙／數學巻二』河南教育出版社所収）

(28) 不詳（西暦一世紀頃）『九章算術』（任継愈（主編）（一九九三）『中國科學技術典籍通彙／數學巻一』河南教育出版社所収）
(29) 朱世傑（一二九九）『算学啓蒙』（任継愈（主編）（一九九三）『中國科學技術典籍通彙／數學巻一』河南教育出版社所収）
(30) 不詳（西暦四百年前後）『孫子算経』（任継愈（主編）（一九九三）『中國科學技術典籍通彙／數學巻一』河南教育出版社所収）
(31) 李冶（一二五九）『益古演段』（任継愈（主編）（一九九三）『中國科學技術典籍通彙／數學巻一』河南教育出版社所収）

〈辞典〉

(32) 日本史広辞典編集委員会（編）（一九九七）『日本史広辞典』山川出版社
(33) 日蘭学会（編）（一九八四）『洋学史辞典』雄松堂出版
(34) 歴史学研究会（編）（一九六六）『日本史年表』岩波書店
(35) 野島寿三郎（編）（一九八七）『日本暦西暦月日対照表』日外アソシエーツ
(36) 林英夫（監修）（一九九三）『新編・古文書解読字典』
(37) 上田正昭ら（監修）（二〇〇一）『日本人名大辞典』講談社
(38) 石田誠太郎（一九七四）『大阪人物誌』臨川書店（石田文庫、昭和二年（一九二七）の復刻版）
(39) 武内博（編著）（一九九五）『来日西洋人名事典（増補改訂普及版）』日外アソシエーツ
(40) 国立国会図書館（二〇〇七）『日本法令索引〔明治前期編〕ヨミガナ辞書』国立国会図書館（info:ndljp/pid/999230 明治初期の役所名や官職名など、読みにくい漢字の読み方がわかる）

〈福田理軒について〉

順天求合社は、その後、旧制の順天中学となった。関東大震災および東京大空襲で大きな被害を受け、そのたびに学校の存続が危ぶまれた。しかし現代も、東京都北区の順天中学校、順天高等学校として、その伝統が受け継がれている。順天学園の学校史の三冊が、福田理軒を語る、まとまった資料となっている。

(41) 渡辺孝蔵（編）（一九八九）『順天百五十五年史』学校法人順天学園
(42) 渡辺孝蔵（編）（一九九四）『順天百六十年史』学校法人順天学園
(43) 順天百七十年記念誌発刊委員会（編）（二〇〇五）『順天百七十年史』学校法人順天学園
(44) 坂本守央（一九六七）『福田理軒』順天学園出版部
(45) 藤原喜代蔵（一九四二）『明治大正昭和教育思想学説人物史（第一巻）明治前期篇』東亜政経社（二〇七頁で理軒の生誕地を大坂天満樽屋町としている。坂本守央が『福田理軒』で引用）
(46) 太政官（一八七〇）『内田五観外数名ニ星學局督務及取締ヲ命ス』（国立公文書館デジタルアーカイブ）
(47) 星学局（一八七一）『拝命之記』星学局輯（星学局職員履歴書集）、国立天文台図書室貴重資料（オンライン）
(48) 大矢真一（解説）（一九八二）『江戸科学古典叢書37　測量集成』恒和出版
(49) 大矢真一（解説）（一九七九）『江戸科学古典叢書20　西算速知／洋算用法』恒和出版
(50) 福田理軒（訓正）（一八六一）『談天』（早稲田大学古典籍総合データベース）
(51) 福田理軒（編）（一八七九）『近世名家算題集』別所万青堂（info:ndljp/ pid/ 826647）
(52) 福田理軒（編）（一八七九）『和洋普通算法玉手箱（上・下）』万青堂（info:ndljp/ pid/ 827932　info:ndljp/ pid/ 827933（二冊））
(53) 算術速習所（編）（一八九六）『算法通書　実益一、二』明治堂（info:ndljp/ pid/ 829159　info:ndljp/ pid/ 829160（二冊））（『算学速成』の海賊版。一部の黒塗りで「算学」でなく「算法」と「法」の字が残っているのは、「算法

利足速成」という別タイトルで、理軒が安政六年（一八五九）に出した版を使ったのだろう）
（54）大分県立先哲資料館（一九九九）『大分県先哲叢書・麻田剛立資料集』大分県教育委員会（観測地の「大坂本町第四」を「心斎橋通稍東」と麻田が記載している、二八七頁）（麻田剛立）
（55）Laurence Sigler 2002 *Fibonacci's Liber Abaci: A Translation into Modern English of Leonardo Pisano's Book of Calculation*, Springer（フィボナッチ）
（56）Leonardo Pisano Fibonacci 1987 *The Book of Squares*, Academic Press（An Annotated Translation into Modern English by L. E. Sigler）（フィボナッチ）
（57）John Napier, translated by William Frank Richardson, introduction by Robin E. Rider 1990 *Rabdology*, The MIT Press and Tomash Publishers.（ネイピア）
（58）勝海舟（著）、勝部真長ほか（編）（一九七二）『勝海舟全集十八』勁草書房（海舟日記（文久二年八月～慶応三年正月）、理軒の記載は二一二頁）（勝海舟）
（59）文明協会（編）（一九二八）『明治戊辰：文明協会創立二十周年記念』文明協会、info:ndljp/ pid/ 1192773（榎本武揚）
（60）文倉平次郎（編）（一九三八）『幕末軍艦咸臨丸』巌松堂（info:ndljp/ pid/ 1921104）（榎本武揚）
（61）奥平昌洪（一九三八）『東亜銭志、第1』七六-七八頁、岩波書店（塚本明毅）
（62）太政官（一八七二）「陸軍少丞塚本明毅転任ノ件」（国立公文書館デジタルアーカイブ）（塚本明毅）
（63）小林龍彦（二〇〇七）「福田理軒・治軒と鉄道助佐藤政養（数学史の研究）」数理解析研究所講究録（一五四六）二〇四-二一六頁（佐藤政養）
（64）古賀茂作（一九九八）「大坂・神戸篇　佐藤与之助」歴史読本　四三（七）、七六-八三頁、新人物往来社（佐

〈人物を知る資料〉

藤政養）
（65）斎藤美澄（編）（一九二三）『飽海郡誌、巻之十』山形県飽海郡、七七－八二頁（info:ndljp/pid/1182044）（佐藤政養）
（66）坂本守央（一九八〇）「明治初期における測量技師」史叢（二五）、二七－三七頁、日本大学史学会（福田半と佐藤政養についての詳細な記述あり）（佐藤政養）
（67）佐藤政養（一八六一）『官許新刊輿地全図』（早稲田大学古典籍総合データベース）（佐藤政養）
（68）佐藤政養（一八七二）『測量三角惑問』（上・下）（Google Books／オンライン）（佐藤政養）
（69）山形県総務課広報室（二〇〇四）『県民のあゆみ：山形県広報誌』二〇〇四年一月一日（四九九頁）、山形県（info:ndljp/ pid/ 8432953）（「開業式の軍扇」のエピソードが掲載されている）（佐藤政養）
（70）太政官（一八七八）「陸軍大尉福田半免官之儀」（国立公文書館デジタルアーカイブ）（福田半）
（71）福田半（編）（一八八〇）『筆算微積入門．前集、後集』別所万青堂（info: ndljp/ pid/ 828991　info: ndljp/ pid/ 828992）（二冊））（福田半）
（72）神田乃武（編）（一九一〇）『神田孝平略伝』神田乃武（info:ndljp/ pid/ 781275）（この本には、神田の生年月日は、天保九年（一八三八）九月十五日となっており、通説の文政十三年＝天保元年（一八三〇）九月十五日と違う）（神田孝平）
（73）太政官（一八七一）「権大内史神田孝平外一名転任ノ件」（国立公文書館デジタルアーカイブ）（神田孝平）
（74）太政官（一八七六）「兵庫県令神田孝平本月二日任官宣下之義」（国立公文書館デジタルアーカイブ）（神田孝平）
（75）F・カルヴィン　パーカー（著）、南沢満雄（訳）（二〇一一）『仙太郎―ペリー艦隊に乗っていた日本人サム・パッチ』、アガリ総合研究所（仙太郎）
（76）三上義夫（編）（一九四一）『川北朝鄰小伝』佐名木和三郎（info:nd/ jp/ pid/ 1102742）（川北朝鄰）
（77）太政官（一八七六）「内務省御用掛内田五観外十二名准奏任・・九条」（国立公文書館デジタルアーカイブ）

（内田五観）
(78) 鈴木武雄（二〇一一）「『幾何学原礎』の翻訳者山本正至について」数理解析研究所講究録（一七三九）、一三八-一四八頁（山本正至）
(79) 山田万作（一八九一）『岳陽名士伝』山田万作（info:ndljp/ pid/ 777538）（山本正至）
(80) 林淳（二〇〇九）「幕末・維新期における土御門家」愛知学院大学文学部紀要、二七二（九三）-二六三（一〇二）頁（土御門晴雄）

〈大坂の地誌〉

(81) 河野道清（版）（一六五七）『新版大坂之図』（『大坂古地図集』（一九七八）古地図資料出版所収）
(82) 赤松九兵衛（版）（一八〇六）『増脩改正攝州大阪地図（文化三年）』（『古板大坂地図集成』（一九七〇）清文堂出版所収）
(83) 赤松久兵衛（版）（一八一三）『文化大坂図』（『大坂古地図集』（一九七八）古地図資料出版所収）
(84) 播磨屋久兵衛（版）（一八四五）『弘化大坂図／大阪細見図』（『大坂古地図集』（一九七八）古地図資料出版所収）
(85) 有坂隆道・藤本篤（一九八二）『大坂町鑑集成』清文堂出版（町を「まち」と読むか「ちょう」と読むかわかる）

〈その他の文献〉

(86) 吉田洋一（一九七九）『零の発見（改版）』岩波書店（初版一九三九）
(87) 篠原俊次（一九八七）「念仏尺」計量史研究　八（二）、一一-一四頁
(88) 渡邊敏夫（一九九四）『暦入門―暦のすべて』雄山閣出版
(89) 二階源市（一九三〇）『新珠算教授の理論と方法』明治図書

(90) 藤井哲博（一九九一）『長崎海軍伝習所―十九世紀東西文化の接点』（中公新書 一〇二四）中央公論社
(91) 力武常次（一九七〇）『なぜ磁石は北をさす―地球電磁気学入門』（ブルーバックスB-一五一）講談社
(92) 静岡市市史編纂課編（一九二七）『静岡市史編纂資料（第四巻）：明治維新当時の静岡』静岡市（info:ndljp/pid/1176947）
(93) 東京大学百年史編集委員会（編）（一九八六）『東京大学百年史・通史』東京大学出版会
(94) 中西隆紀（二〇〇二）「広すぎて困ったぞ「小川町」物語―「神保町も昔は小川町だった」をめぐる謎」Kanda ルネッサンス（五九）、一〇-一二頁
(95) 大野虎雄（一九三九）『沼津兵学校と其人材』大野虎雄（info:ndljp/pid/1463506）
(96) 太政官（一八七二）「太陰暦ヲ廃シ太陽暦ヲ行フ附詔書」（明治五年十一月九日）（国立公文書館デジタルアーカイブ）
(97) 太政官（一八七二）「改暦ニ付月日定方・二条」（明治五年十一月二十三日）（国立公文書館デジタルアーカイブ。十二月一、二日を、十一月三十、三十一日にする布告と翌日の取り消しがわかる）
(98) 内閣（一八九八）「閏年ニ関スル件ヲ定ム」（明治三十一年五月十日）（国立公文書館デジタルアーカイブ）
(99) 海後宗臣（編）（一九六四）『日本教科書大系 近代編 第十一巻 算数（二）』講談社

〈参考WEB〉

(100) 国立公文書館デジタルアーカイブ
http://www.digital.archives.go.jp
(101) 国立国会図書館デジタルコレクション
http://dl.ndl.go.jp

(102) 国立国会図書館近代デジタルライブラリー
http://kindai.ndl.go.jp

(103) 早稲田大学古典籍総合データベース
http://www.wul.waseda.ac.jp/kotenseki/

(104) 「木簡画像データベース・木簡字典」「電子くずし字字典データベース」連携検索（奈良文化財研究所・東京大学史料編纂所）
http://r-jiten.nabunken.go.jp

(105) 暦 Wiki/歴史/明治以降の編暦 - 国立天文台暦計算室（文献リンク集）
http://eco.mtk.nao.ac.jp/koyomi/wiki/

(106) Google Books（本文中の語句検索ができる）
http://books.google.com

(107) Google Map
http://maps.google.co.jp

(108) Google（一般的な検索）
https://www.google.com

あとがき

結局、江戸時代の「西洋数学」とは、筆算のことなのである。

代数幾何や微分積分の本は、明治以降の理軒やその息子半の著作が草分けだった。そして三角関数は、理軒のような天文学者や測量家の技術的アイテムにすぎなかった。筆算こそが、当時の一般の人々にとってはそろばんにかわる画期的な計算手段であり、西洋の数学を象徴する存在だったのである。

筆算の原理の根本は、数字の位取りシステムにある。1、2、3という数字を、123と横に並べる。このとき数字は、置かれる位置によって意味がちがってくる。右から左へと十倍ずつ大きくなっていく。筆算ではこの位取りが生きてくる。たとえばたし算なら、桁ごとに数字を加えて繰り上げるシンプルな計算になる。

ところが漢字ならそうはいかない。たとえば123は百二十三と書く。ローマ字でも、CXXIIIを横に並べる。Cが百、Xが十、Iが一でその合計を考える。漢字でもローマ字でも、大きな数は数字自体を別の文字で書くわけだ。これではシステマティックな計算ができない。

ヨーロッパで筆算の利便性に、いち早く注目したのはイタリア人たちであった。異教徒の文字としてたびたび使用禁止の目にあいながらも、イタリアの商人や科学者たちは筆算をひろめていった。ルネッサンスの巨匠レオナルド・ダ・ビンチの実験ノートにも、筆算のメモ書きが見える。近代科学がイタリアでいち早く花開いたのは、このすばらしき計算法のおかげだったといえる。

理軒は、この筆算の手法を日本で初めて紹介した学者であり、「筆算宇宙塾」という構想をもちながら、ひろめた男であったわけだ。

最後に、毎日新聞社の花牟礼紀仁氏に感謝したい。氏は私がこの本のタイトルを相談したとき、すぐさま「『筆算をひろめた男』ですよ」といわれた。内容のほんの一部を話しただけで、本質的なキーワードをいいあてた氏の洞察力に感服だ。

筆算、それは現代の数学の根本的な「思想」なのである。

福田理軒生誕二百年の年、著者しるす

著者略歴

丸山健夫／まるやまたけお

武庫川女子大学生活環境学部教授。情報学専攻。博士（農学）（京都大学）。京都大学農学部卒業。米国ルイジアナ州立大学客員准教授、武庫川女子大学文学部教授などを経て現職。著書に、『ペリーとヘボンと横浜開港―情報学から見た幕末』（臨川書店）、『風が吹けば桶屋が儲かるのは0.8%!?―身近なケースで学ぶ確率・統計〈PHP新書410〉』（PHP研究所）、『ナイチンゲールは統計学者だった！―統計の人物と歴史の物語』、『ビギナーに役立つ統計学のワンポイントレッスン』（以上、日科技連出版社）、文部省検定済・高等学校数学科用教科書『新編数学Ⅰ』、『新編数学A』、『新編数学B』、『新数学Ⅰ』、『新数学A』（以上、共著／新興出版社啓林館）などがある。

筆算をひろめた男　幕末明治の算数物語

二〇一五年三月十七日　初版発行

著者　丸山健夫
発行者　片岡敦
印刷製本　亜細亜印刷株式会社

発行所　株式会社　臨川書店
606-8204　京都市左京区田中下柳町八番地
電話（〇七五）七二一―七一一一
郵便振替　〇一〇七〇―二―八〇〇

落丁本・乱丁本はお取替えいたします
定価はカバーに表示してあります

ISBN 978-4-653-04225-9 C0020